Karsten Brandt
Das Wetter

Karsten Brandt

Das Wetter

Beobachten
Verstehen
Voraussagen

Anaconda

Die Deutsche Nationalbibliothek verzeichnet diese Publikation
in der Deutschen Nationalbibliografie; detaillierte bibliografische Daten
sind im Internet unter http://dnb.d-nb.de abrufbar.

© 2012 Anaconda Verlag GmbH, Köln
Alle Rechte vorbehalten.
Umschlagmotive: mauritius images (o.). – mauritius images /
Axiom Photographic (u. l.). – mauritius images / age (u. m.). –
mauritius images / CuboImages (u. r.)
Umschlaggestaltung: dyadesign, Düsseldorf, www.dya.de
Satz und Layout: paquémedia, www.paque.de
Printed in Czech Republic 2012
ISBN 978-3-86647-723-0
www.anacondaverlag.de
info@anacondaverlag.de

Inhalt

Eine mittelhohe Schichtwolke (Altostratus) zieht auf.

Einleitung

Es gibt so gut wie keinen Tag, an dem das Wetter nicht in den Schlagzeilen ist.

Unwetter in Australien, ein neuer Hurrikan im Golf von Mexiko, Dürre in Argentinien, Aschewolken über Island: Wetter ist immer ein Nachrichtenthema und das hat einen ganz einfachen Grund: Es gibt kaum etwas, das unser Leben so stark beeinflusst wie die Wetterkapriolen auf unserem Planeten.

Ein paar Zentimeter Neuschnee in London sorgen für ein Verkehrschaos, Hitzewellen in Südeuropa machen Probleme bei der Stromversorgung, moderne Triebzüge können mäßiger Kälte und Hitze nicht trotzen und Flughäfen müssen wegen Winterwetters reihenweise schließen.

Ich möchte Ihnen mithilfe dieses Buches einen Einblick in das Wettergeschehen bieten, sodass sie kompetent mitreden können. Sie werden verstehen, warum wir das Wetter überhaupt haben, wie unsere Atmosphäre aufgebaut ist, welche Wetterelemente es gibt und was uns Wolken über das kommende Wetter lehren.

Viel Spaß!

Flache Schönwetterwolken, aus denen kein Regen fällt. Sie werden meist nur wenige hundert Meter hoch.

1. Wetter, Klima und Mensch

1.1 Geschichte der Meteorologie

Die »Lehre von den Zeichen am Himmel und in der Luft« begann in der Antike. Damals nahmen die alten Griechen an, dass alle Zeichen des Himmels, also auch Sterne und Meteoriten, das Wetter beeinflussen würden – was ja an sich auch nicht falsch ist. Der zur damaligen und heutigen Zeit wohl bekannteste Meteorologe war Aristoteles. Mit seinem Werk »Meteorologica«, welches 350 v. Chr. erschien, beeinflusste Aristoteles für mehr als 2000 Jahre die Wetterkunde der westlichen Welt.

Erst im 16. Jahrhundert kam neue Bewegung in die Meteorologie. Mit Beginn der Neuzeit wurde bisher theoretisches Gedankengut mithilfe von Experimenten überprüft. Innerhalb kurzer Zeit standen Innovationen wie Thermometer, Hygrometer und Barometer zur Verfügung. Die neuen Messgeräte brachten den Meteorologen wichtige Erkenntnisse, die allerdings bis 1850 kaum verwertet werden konnten. Sturm- und Unwetterwarnungen gab es zu dieser Zeit also noch nicht.

Dies änderte sich erst mit der Erfindung der Telegraphie. Sie verband in der zweiten Hälfte des 19. Jahrhunderts die großen Städte der Welt. Endlich konnten nun auch Wettermeldungen ausgetauscht und zumindest grobe Vorwarnungen vor Unwettern durchgegeben werden.

Der norwegischen Meteorologe Vilhelm Bjerknes (1862–1951) schlug zwar schon 1904 in einem Vortrag eine Art Computerwettervorhersage vor, die uns heute bekannten Wettervorhersagen gibt es jedoch erst seit der Entwicklung der Großrechner in der zweiten Hälfte des 20. Jahrhunderts.

Die Vorhersagegüte verbesserte sich im Laufe der Jahre extrem – in den letzten Jahren stimmten mehr als 9 von 10 Vorhersagen für die nächsten 48 Stunden. Die Meteorologie hat hierbei entscheidend von der Entwicklung der modernen Computertechnik profitiert.

Die Meteorologie bemüht sich also (und schafft es vielfach auch), »das nicht Greifbare greifbar zu machen«.

1.2 Sie sitzen im Treibhaus

Viele Menschen denken, die Erde nehme im Abstand zur Sonne eine Sonderstellung ein. Nicht zu nah, also zu heiß, aber auch nicht zu weit weg, damit es nicht zu kalt wird. So einfach verhält es sich jedoch nicht, denn eigentlich ist die Sonne zu weit von uns entfernt. Ohne Treibhausgase auf der Erde wäre es auf unserem Planeten kalt. Auf der Erdoberfläche würden durchschnittlich −18 °C herrschen, wenn es keinen Wasserdampf, kein Kohlendioxid, Methan und andere Gase gäbe. Am Äquator würde es nachts kräftig frieren und sogar ab und zu schneien, weite Teile der nördlichen Breiten wären extrem kalte Eiswüsten. Der Trick der Wärmefänger Treibhausgase besteht darin, dass sie das sichtbare Sonnenlicht, das die Erdoberfläche erwärmt, in die Atmosphäre eintreten lassen, bis zu 90% der unsichtbaren Wärmestrahlung des Bodens jedoch wieder zur Erde zurückstrahlen. Ergebnis ist eine ständige Balance zwischen Sonneneinstrahlung und etwas Wärmestrahlung, die in den Weltraum entweicht. Im Treibhaus Erde lässt es sich so mit 15 °C im Durchschnitt recht gut aushalten.

Durch die Zunahme des Kohlendioxids in der Erdatmosphäre als Folge verschiedenster Verbrennungsprozesse wird diese Balance gestört. Weniger Wärmestrahlung gelangt in den Weltraum und die Temperatur der Erde steigt an. Wir machen also unser Klima unfreiwillig in Zukunft selber!

2. Unsere Atmosphäre

2.1 Die Atmosphäre und die Luft

Wozu brauchen wir die Atmosphäre?

Die Atmosphäre ist für alle Lebewesen eine lebensnotwendige Schutzhülle. Würde es die Atmosphäre nicht geben, würden beispielsweise gefährliche Teile des Sonnenlichts auf die Erde gelangen und Leben unmöglich machen. Und uns würde die Luft zum Atmen fehlen.

Der Atmosphärenring, der unsere Erde umgibt, beschützt und verändert sich ständig. Der Aufbau gleicht einer Zwiebel. Der Planet Erde nimmt sehr viel Raum ein, die Atmosphäre ist im Vergleich dazu nur eine ganz dünne Schicht auf dieser Kugel, die in verschiedene Stockwerke unterteilt ist. In den größten Höhen finden sich nur wenige Luftmoleküle. Hier weht der nicht spürbare Sonnenwind. Für den Menschen sind nicht nur der fehlende Sauerstoff und der Druckmangel ein Problem, sondern auch dieser Beschuss von Strahlen mit extrem hohem Energiegehalt. Der Sonnenwind besteht aus Röntgenstrahlen und für Lebewesen gefährlichem ultravioletten Licht. Die wenigen Luftmoleküle, die sich in Höhen zwischen 100 und 500 km über der Erdoberfläche befinden, nehmen die Strahlung auf und werden dabei extrem heiß. Eine Wärme, die man nicht spüren kann, da zu wenig Luft vorhanden ist. Weht der Sonnenwind stark, sind 2000 °C und mehr möglich. Durch das starke Magnetfeld der Erde wird der Sonnenwind um die Erde geleitet. In gleicher Höhe befindet sich auch die Ionosphäre, eine elektrische Schicht, die Radiowellen reflektiert, sodass man Funksendungen rund um den Globus hören kann.

Abendrot aus dem Flugzeug.

Ozon ist ein giftiges Gas, das sehr unangenehm riecht. In der Stratosphäre (10–50 km über der Erdoberfläche), in der man es überwiegend antrifft, ist es von großer Bedeutung: Es hält die UV-Strahlen von uns ab.

Wasser spielt in den großen Höhen, in denen wir bisher unterwegs waren, keine nennenswerte Rolle. Etwas tiefer tritt es in Aktion, und zwar unterhalb einer Höhe von rund 10 km.

Was ist Luft?

Das, was wir als Luft bezeichnen, besteht zu einem Großteil aus Stickstoff (4/5) und Sauerstoff (1/5). Neben diesen beiden Hauptbestandteilen gibt es in größeren Höhen (bis 25 km) noch eine Reihe anderer Gase – allerdings in weit geringerer Konzentration. So finden sich hier neben Stickstoff und Sauerstoff noch das Gas Argon (1,00%), das berühmt-berüchtigte Kohlendioxid (0,04%) sowie Spuren von Neon, Helium, Krypton, Wasserstoff, Xenon und Ozon. Ein Großteil dieser Gase sind den meisten wohl als »Edelgase« bekannt – sie sind sich zu »fein«, um Reaktionen mit anderen Stoffen einzugehen. Hinzu kommen Staub- und Verschmutzungsanteile.

Der wichtigste Stoff in der Atmosphäre und auf der Erdoberfläche ist jedoch Wasser, dem wir unsere Existenz verdanken. Wasser kommt auf der Erde in allen drei Aggregatzuständen vor: flüssig, fest und gasförmig. *Unser Wetter ist ein Phänomen aus Wasser und bewegter Luft.*

2.2 Die Ozonschicht

Vom »Ozonloch« haben sicher die meisten schon gehört. Doch was genau ist Ozon? Und wie gefährdet uns das Ozonloch?

Das Gas Ozon kommt in großer Höhe vor und hat eine besondere Bedeutung, denn es schützt Flora und Fauna vor zu starker ultravioletter Strahlung. Träfe die Strahlung ungebremst auf die Erde, würde sie dafür sorgen, dass in kürzester Zeit alles höhere Leben von der Erde verschwindet.

Als Mitte der 1980er Jahre erste Meldungen über das immer größer werdende Ozonloch aufkamen, waren Entsetzen und Unwissen groß. Zahlreiche Umweltorganisationen setzen sich seitdem für den Schutz der Ozonschicht ein und trugen maßgeblich dazu bei, dass das Verbot des »Ozonkillers« FCKW fast weltweit durchgesetzt wurde. Auf Dauer dürfte das der Ozonschicht helfen, sich zu regenerieren, und sie wird wenigstens zum Teil ihre Schutzfunktion behalten. Neueste Berechnungen gehen davon aus, dass die Ozonschicht nach 2070 wiederhergestellt ist.

Ozon spielt insbesondere in der Stratosphäre (10–50 km Höhe) eine entscheidende Rolle. Das Gas absorbiert die Sonneneinstrahlung und erwärmt auf diese Weise die sehr dünne Luft auf teils hohe Temperaturen. Während an der Grenze zwischen Wetterschicht und Stratosphäre

Abendrot - durch den langen Weg durch die Atmosphäre erscheinen die Wolken in rotem Licht.

in 10 km Höhe noch –50 bis –70 Grad gemessen werden, steigen die Temperaturen besonders in den höheren Teilen der Stratosphäre stark an. In den obersten Bereichen werden teilweise 0 Grad gemessen. Je mehr die Sonne scheint, desto wärmer wird es hier. In sonnenarmen Wintern sind in der Stratosphäre eisige Temperaturen möglich. Vom Äquator bis zum Winterpol gibt es in dieser Schicht ein starkes Temperaturgefälle.

2

2.3 Die Gravitationskraft – damit sich die Erde um die Sonne dreht

Die Gravitationskraft sorgt dafür, dass alle Gase auf der Erde verbleiben – andernfalls würden sie sich in den unendlichen Weltraum verflüchtigen. Gravitationskraft gibt es nicht auf jedem Planeten. Kleinere Planeten haben oft eine sehr schwache Gravitationskraft und eine dünne Atmosphäre. So besitzt zum Beispiel unser Begleiter, der Mond, wegen seiner Größe gar keine Atmosphäre. Doch auch die Temperaturen auf den einzelnen Planeten sind nicht ohne Bedeutung: Befindet sich ein Planet zu nah an der Sonne, kann ebenfalls keine Atmosphäre entstehen. Bei uns sorgt die Gravitation dafür, dass in relativer Nähe zum Erdboden alles im Gleichgewicht bleibt. Nur in Höhen oberhalb von 50 km verlassen einzelne Gasteilchen die Atmosphäre.

Auf den größten Planeten unseres Sonnensystems herrscht eine sehr starke Gravitation. Auf dem Jupiter, dem Saturn und dem Neptun bleiben sämtliche Gasteilchen in ihren Atmosphären gefangen.

2.4 Der Aufbau der Atmosphäre

Die Erdatmosphäre reicht bis in 700 km Höhe und ist weitaus komplexer aufgebaut als die meisten vermuten – so vergleichen einige Wissenschaftler die Atmosphäre mit einer Zwiebel und deren schichtartiger Haut. Im Vergleich zum Erdradius ist die Atmosphäre jedoch nur dünn. Besonders die äußerste Schicht der Atmosphäre ist für das Leben auf der Erde sehr wichtig, denn sie schützt vor der eisigen Kälte des Weltalls.

Will man die Atmosphäre in Schichten einteilen, so kann man dies nach unterschiedlichen Kriterien tun. Bei einer groben Einteilung beginnt man in Bodennähe mit der Schicht der Umwälzungen: der Troposphäre.

2

2.4.1 Die (freie) Troposphäre

Die Troposphäre ist unsere Wetterschicht und reicht bis maximal 16 km in die Höhe. Die Umwälzungen, die ihr den Namen geben, werden durch Sonneneinstrahlung verursacht, die die Erdoberfläche erwärmt und für Austauschbewegungen in den unteren Kilometern der Atmosphäre sorgt. Eine Höhe von 16 km erreicht die Troposphäre übrigens nur manchmal in den Tropen, wo die Köpfe tropischer Gewitterwolken in dieser Höhe an die Wand der Wetterschicht stoßen. Über den beiden Polen ist sie dagegen nur sieben bis acht Kilometer dick. In unseren Breiten befindet sich, je nach Jahreszeit und Wetterlage, die Grenze der Wetterschicht bei zehn bis elf Kilometern, was etwa der Reiseflughöhe unserer Passagiermaschinen entspricht.

Die Wetterschicht bildet fast 80 Prozent der gesamten Atmosphäre. Unser Wetter entsteht durch den Wasserdampf, der sich fast ausschließlich in der Troposphäre befindet. In den höheren Schichten sind nur noch geringe Spuren von Wasserdampf zu finden. Dieser beeinflusst unser Wetter auf der Erde so gut wie gar nicht – manchmal sorgt er für ein paar leuchtende Nachtwolken.

Unsere Wetterschicht lässt sich vielfach weiter unterteilen. Wichtig sind für uns zwei Schichten. Durch die Gestalt der Erdoberfläche direkt beeinflusst ist die im Flachland bis zu 1000 m mächtige Grenzschicht. Im Bergland kann diese Grenzschicht ansteigen, im Himalaya bis zu 9 km Höhe, da der Boden hier ja »an den Himmel kratzt«. In dieser Schicht dominiert die Reibung der Luft mit dem Erdboden. Oberhalb dieser Grenzschicht sprechen die Meteorologen von der freien Troposphäre, der freien Wetterschicht.

Die zweite wichtige Schicht ist die »laminare Unterschicht«, welche direkt an der Erdoberfläche haftet. In der laminaren Unterschicht ereignen sich überwiegend molekulare Vorgänge. Erst darüber kommt es zum spürbaren Austausch durch Windbewegungen.

2.4.2 Die Stratosphäre

Die Stratosphäre befindet sich in 10 bis 50 km Höhe. Hier spielt das Ozon eine entscheidende Rolle.

Die Bedeutung der Stratosphäre für das Wettergeschehen am Boden ist nicht geklärt. Man weiß nur, dass zwischen der Wetterschicht und der Stratosphäre ein schwacher Austausch stattfindet. Auch gibt es im Winter plötzliche Erwärmungen in der Stratosphäre, die auf eine Zirkulation hindeuten.

2.4.3 Die Mesosphäre und höhere Schichten

Über der Stratosphäre beginnt die Mesosphäre, die nur noch sehr wenig mit unserem Wetter zu tun hat. Sie befindet sich in einer Höhe von 50 bis 90 km über der Erdoberfläche. Die Temperatur nimmt mit jedem Kilometer um 2–3 °C ab. In 90 km Höhe herrscht eine Mitteltemperatur von −86 °C. Es wurden aber auch schon Werte weit unter −100 °C registriert, über Alaska waren es am 17. Juni 1966 sogar −153 °C. Reste von Wasserdampf können bei diesen Werten manchmal kleine Wolken bilden. Diese können kurz nach Sonnenuntergang oder kurz vor Sonnenaufgang, wenn die Erde bereits oder noch im Dunkeln liegt, aufleuchten. Allerdings sind solche Wolken nur im Sommer bei den tiefsten Mesosphärentemperaturen zu sehen. So manches UFO fand so schon eine natürliche Erklärung.

Oberhalb der Mesosphäre steigt die Temperatur sehr stark an. Bis in 100 km Höhe sind teilweise über 12 °C pro Kilometer möglich. In größeren Höhen nimmt die Temperatur nicht mehr so stark zu, trotzdem werden 700 bis 2000 Grad im Plusbereich erreicht. Von fühlbarer Wärme lässt sich dabei allerdings nicht mehr sprechen, denn es sind viel zu wenige Gasteilchen vorhanden. Die Temperatur nimmt in diesen Höhen aufgrund der extremen UV-Strahlung zu. Ab 500 km Höhe beginnt die Exosphäre, die äußerste Schicht unseres Planeten. In dieser Höhe können die wenigen noch vorhandenen Gasteilchen die Erde verlassen, sofern nicht magnetische Kräfte sie zurückhalten. Hier befinden sich auch die ersten Satelliten, die die Erde polarumlaufend mehrmals am Tag umrunden.

Der elektrische Aufbau der Atmosphäre ist gänzlich anders als der thermische. Ionen, positiv oder negativ geladene Teilchen, entstehen in der Atmosphäre durch radioaktive und kosmische Strahlung. Bei hoher Luftdichte, wie unterhalb von 70 km Höhe, können sie sich kaum halten, da sie sich sofort neutralisieren. Diese untere Schicht nennt man daher auch Neutrosphäre. Erst oberhalb von 70 km nimmt die Anzahl der Ionen so stark zu, dass sie sogar Radiowellen reflektieren. Generationen von Funkamateuren haben sich an dieser Eigenschaft der Atmosphäre bereits erfreut, wenn plötzlich weit entfernte Sender empfangbar wurden. Bei Sonneneruptionen kann der Kurzwellenfunk allerdings auch vollständig zusammenbrechen. Mit der Sonneneinstrahlung nimmt die

Durch die Mischung trockener und feuchter Luft durch hohe Windgeschwindigkeiten ergeben sich interessante Wolkenmuster und Wolkenlöcher.

Ionenkonzentration tagsüber zu, während sie sich abends wieder verringert. Mehrere elektrisch leitende Schichten lassen sich in der Atmosphäre ab 70 km Höhe unterscheiden. Kurz nach Sonnenaufgang bildet sich die D-Schicht aus. Sie löst sich abends mit dem Wegfall der Strahlung wieder auf. Die E-Schicht in 90–140 km Höhe baut sich nachts nicht mehr ganz ab, im Polarwinter löst sich die Schicht aber auf. Die darüber liegende F-Schicht weist in 500 km Höhe ein Maximum an Ionen auf und folgt dem Sonnenstand. Oberhalb von 500 km nimmt die Ionenkonzentration wieder stark ab.

Die Magnetosphäre schließt die Atmosphäre der Erde endgültig ab. Das Magnetfeld der Erde reicht mehrere Erdradien um die Erde, auf der der Sonne zugewandten Seite sind es etwas weniger. Elektronen und Protonen werden vom Magnetfeld der Erde auf Spiralbahnen gehalten. Die Magnetosphäre bildet also den äußersten Vorposten der Erdatmosphäre, die am anderen Ende mit der ein Millimeter dicken Luftschicht direkt auf der Erdoberfläche beginnt.

Unsere Atmosphäre sah nicht immer so aus, wie wir sie jetzt beschrieben haben. In der Milliarden Jahre alten Erdgeschichte hat sie sich häufig verändert. Die Uratmosphäre ist wahrscheinlich verloren gegangen. Auf dem noch jungen Planeten herrschte ein starker Vulkanismus, der etwa 200–300 Millionen Jahre nach der Erschaffung des Erdballs für den Neuaufbau einer Atmosphäre sorgte. Unmengen von Wasserstoff, Helium, Kohlenstoff, Stickstoff und Sauerstoff wurden in die junge Atmosphäre entlassen, wo sie mithilfe des Sonnenlichts heftigst reagierten. Mit der Abkühlung der Erde kondensierte der Wasserdampf und bildete Urmeere.

Unsere heutige Atmosphäre ist dagegen das Ergebnis von Leben auf unserem Planeten. Gemeint ist damit die Pflanzenwelt, die es durch Photosynthese in den letzten 2 Milliarden Jahren geschafft hat, genügend Sauerstoff auf unserem Planeten zu produzieren – eine Eigenschaft, die auf anderen Planeten nicht zu finden ist. Heute schafft sich der Mensch durch seine Aktivitäten abermals eine neue Atmosphäre. Wir werden leider nicht verfolgen können, zu welchem Ende das führt.

3. Unsere Atmosphäre hat ein Gewicht – der Luftdruck

Luft, Wasserdampf und alles, was sonst im Luftozean schwebt, lastet auf unseren Schultern. Bei einem Luftdruck von 1013 Hektopascal (hPa), also dem durchschnittlichen Luftdruck in Mitteleuropa, sind das pro Quadratzentimeter etwas mehr als ein 1 kg. Auf einen Quadratmeter Erde wirkt somit eine Last von einem Transport-LKW.

In Meereshöhe lasten auf jeden Quadratmeter stolze 10 Tonnen (10.000 kg). Die Körperoberfläche des Menschen beträgt ungefähr 2 m². Dass der Mensch dennoch nicht zerdrückt wird, liegt daran, dass im Körper der gleiche Luftdruck herrscht.

Steigt man höher, nimmt das Gewicht der Luft rasch ab, da natürlich die Luftsäule wesentlich kleiner ist. Auf dem Mount Everest, dem höchsten Berg der Erde, lasten nur noch 30% der Luftsäule des Meeresspiegels.

Wir leben auf dem Boden eines Ozeans aus Luft. Die Luft wird mit steigender Höhe immer dünner, d. h. ihre Dichte nimmt ab – es kommen also auf ein Raumvolumen mit steigender Höhe immer weniger Luftmoleküle.

3.1 Der Luftdruck aus physikalischer Sicht und Luftdruckmessung

Um das Jahr 1635 maß Galilei als erster das Gewicht der Luft. Er war fest davon überzeugt, dass Luft ein Gewicht haben muss, und konnte dies in einem Experiment mit einer

Flasche und einem Blasebalg auch nachweisen. Pumpte er mehr Luft in die Flasche, wurde sie schwerer.

Torricelli, der als der Erfinder des Barometers gilt, baute auf den Erkenntnissen von Galilei auf und wies nach, dass der Luftdruck, also der Druck der Atmosphäre, sehr groß ist und auf alles wirkt. Torricelli nahm eine am Ende verschlossene Röhre und füllte sie mit Quecksilber. Das offene Ende hielt er zu, drehte die Röhre um und stellte sie in einen Topf, der ebenfalls mit Quecksilber gefüllt war. Die Schwerkraft müsste nun das komplette Quecksilber aus der Röhre hinausbefördern. Dies geschah aber nicht, sondern die Säule blieb genau dort stehen, wo das Gewicht des nach unten strebenden Quecksilbers dem Druck der Luft von außen entsprach.

Der Druck ist eine physikalische Größe. Er beschreibt die Kraft, die ein Medium auf eine Fläche ausübt. Der Luftdruck im meteorologischen Sinne ergibt sich aus der Gewichtskraft der Luftsäule. Der Luftdruck wird auch hydrostratischer Druck der Luft(-säule) genannt. Die Kraft wird in der Einheit Newton (N) gemessen, die Fläche in Quadratmetern (m²). 1 N/m² wird auch als Pascal (Pa) bezeichnet, benannt nach dem französischen Physiker Blaise Pascal (1623–1662). 10^5 Pa entsprechen 1 bar.

Der mittlere Luftdruck auf Meereshöhe beträgt 101.325 Pa, also 1013,25 Hektopascal. Die Existenz des Luftdrucks konnte, und das soll hier nicht unerwähnt bleiben, mithilfe des berühmten Versuchs mit den Magdeburger Halbkugeln von Otto von Guericke (1602–1686) nachgewiesen werden: Zwei evakuierte, also luftleer gepumpte Halbkugeln, konnten nicht mehr voneinander getrennt werden, weil die umgebene Luft sie zusammendrückte.

3.2 Luftdruckmessung

Zuerst wurde der Luftdruck mit einem zehn Meter langen und an einer Seite verschlossenen Wasserrohr gemessen. Das offene Ende reichte dabei in ein Wasserreservoir. Der Druck der Luftsäule kann Wasser, je nach Luftdruck, ca. 10 m hoch steigen lassen. Es stellt sich die Frage, warum es dann beispielsweise Bäume geben kann, die höher als 10 m sind. Hier erfolgt der Wassertransport durch Osmose, also durch Vorgänge in unterschiedlichen Salzkonzentrationen. Andere Flüssigkeitsbarometer arbeiten mit anderen Flüssigkeiten. Der italienische Physiker Evangelista Torricelli (1608–1647) nutzte statt Wasser sogenanntes Wassersilber, Hydragyrum, also Quecksilber. Für moderne und präzise Messungen werden seit rund 150 Jahren Dosenbarometer verwendet. Die Dosen sind luftleer und werden von einer Feder auseinandergepresst. Sobald der Luftdruck steigt, drückt sich die Feder zusammen. Eine Mechanik überträgt diesen Vorgang auf eine geeichte Skala.

3.3 Der Luftdruck in der Meteorologie

Der Luftdruck und die Tendenz des Luftdrucks ist neben der Temperatur eine der wichtigsten Größen in der Meteorologie. Das Wetter in einer Region sowie die Großwetterlagen werden durch zwei herausragende Druckgebilde gekennzeichnet: das Gebiet des tiefen Drucks, das Tiefdruckgebiet oder Tief, und das Gebiet des hohen Drucks, das Hochdruckgebiet oder Hoch. Als Grundinformation enthalten Wetterkarten Linien gleichen Luftdrucks, die Isobaren. Um diese zu zeichnen, werden die Messwerte für den Luftdruck der einzelnen Stationen auf Meereshöhe reduziert. Mithilfe der Isobaren und der Isallobaren, also Linien gleicher Luftdrucktendenz (bzw. -änderung), können die Verlagerung der Hochs und Tiefs vorausberechnet und so wichtige Anhaltspunkte für eine Wettervorhersage gewonnen werden. Liegen die Isobaren, die meistens in 5-hPa-Schritten dargestellt werden, besonders dicht, so ist der Luftdruckgradient (bzw. -unterschied) auf kleiner Strecke besonders groß und es ist mit stürmischem Wetter zu rechnen.

Besonders niedrig ist der Luftdruck in tropischen Wirbelstürmen, der niedrigste überhaupt wurde mit 856 hPa in einem Taifun im Jahr 1958 gemessen.

Der höchste (auf Meeresniveau reduzierte) Luftdruck wurde am 19.12.2001 in der Mongolei gemessen: 1085,7 hPa.

Der niedrigste jemals in Deutschland gemessene Luftdruck betrug am 27.11.1983 in Emden 954,9 hPa.

Der höchste Luftdruck in Deutschland wurde am 23.1.1907 in Putbus auf Rügen gemessen (1060,6 hPa).

Im Hurrikan »Wilma« wurde auf dem Atlantik im Oktober 2005 innerhalb von 24 Stunden ein Luftdruckabfall von 98 hPa gemessen.

Aus mittelhohen Wolken fallen Eiskristalle und Regentropfen, die lange sichtbare Fallstreifen bilden. Der Regen verdunstet, bevor er den Boden erreicht.

4. Die Erde im Bann der Sonne

4.1 Allgemeines zum Strahlungshaushalt auf der Erde

Der Bekanntheitsgrad des Wortes »Treibhauseffekt« ist in den letzten Jahren enorm gestiegen. Fast jeder hat einmal davon gehört und kann sich zumindest teilweise etwas darunter vorstellen. Wir leben in einem Treibhaus, in das eine externe Wärmequelle, die Sonne, ständig von außen Energie schickt. Einmal angekommen, wird ein Teil von der Erde reflektiert, umgesetzt und wieder abgestrahlt.

Der Motor des Wettergeschehens auf der Erde ist die ständige Verwöhnung der Erde mit Sonneneinstrahlung. Ohne diese Wärmequelle wäre das Wettergeschehen schnell Geschichte und die Erde eine unwirtliche Eiswüste, in der allenfalls noch eine Zeit lang spezielle Bakterien überleben könnten.

Der französische Forscher Fourier hat 1824 ausgerechnet, dass wir eigentlich ein bisschen zu weit von der Sonne entfernt sind, um mit ihrer Wärme zu überleben. Es musste also etwas geben, das die Wärme auf der Erde hält.

Um diese Strahlungsbilanz geht es auch beim Treibhauseffekt. Schon vor über 150 Jahren verglich ein englischer Wissenschaftler unsere Atmosphäre mit einem Glasdeckel und andere ahnten, dass es dem Menschen möglich sei, mithilfe des Ausstoßes bestimmter Gase das Klima auf der Erde zu beeinflussen. Hervorzuheben ist der Schwede Arrhenius, der 1896 zum ersten Mal den Treibhauseffekt beschrieb. Er sah einen Zusammenhang zwischen dem Kohlendioxidgehalt der Luft und Temperaturschwankungen. »Bei einer Verdopplung des Kohlendioxids in der

Luft würde die Temperatur um 5–6 Grad ansteigen«, lautete die erste Klimaprognose der Welt. Keine schlechte Prognose, wie wir heute wissen. Bis erste Maßnahmen dagegen unternommen wurden, sollte fast ein Jahrhundert vergehen. Zur Zeit des »kühlen« 19. Jahrhunderts sahen die meisten Wissenschaftler den Treibhauseffekt nicht als Bedrohung an. Eher freuten sich Arrhenius und seine Kollegen, dass die Vereisung durch Gletscher zurückgehen würde.

Die »Sonneneinstrahlung« besteht aus elektromagnetischen Wellen, die in einem breiten Spektrum zur Erde geschickt werden. Diese Wellen oder energiegeladenen Partikel dringen von der Sonnenoberfläche mit Lichtgeschwindigkeit zum Großteil bis zur Erdoberfläche durch.

Die Sonneneinstrahlung ist die Hauptenergiequelle der Erde. Die Restwärme aus dem Erdinnern ist für die Erdatmosphäre und somit für das Wettergeschehen kaum von Bedeutung.

Die Sonne strahlt mit einer Temperatur von ca. 5700 Grad Celsius ihre Energie in den Weltraum ab. Von jedem Quadratmeter der Sonnenoberfläche werden $6,43 \times 10^4$ kWh Strahlung abgegeben.

Nach nur 8 Minuten erreicht die Strahlung die Erdoberfläche und bräunt und wärmt unsere meist helle mitteleuropäische Haut.

Die Strahlungsmenge, die an unserer atmosphärischen Haustür in der Höhe ankommt, nennt man Solarkonstante. Außerhalb unseres Erdballs trifft auf einen senkrechten Quadratmeter somit soviel Leistung, wie von 18 alten Glühbirnen (also 1,4 kWh/m²) insgesamt als Wärme und Strahlung abgegeben wird. Diese Solarkonstante schwankt – der Name »Konstante« sagt es bereits – im Laufe der Zeit nur schwach, nämlich um etwa 0,5 Prozent. Diese Variation könnte jedoch für das Weltklima eine große Bedeutung haben. Eine Erhöhung um 1 Prozent würde durchschnittlich für 1–2 °C höhere Temperaturen auf dem Erde sorgen.

Beeindruckender sind die Zahlen, wenn man vergleicht, wie viel Energie die Erde an einem Tag zugestrahlt bekommt: Dann sind es $4,3 \times 10^{15}$ kWh. Selbst Zahlenkünstler haben Schwierigkeiten, solche Werte einzuordnen. Die Sonneneinstrahlung pro Tag ist verschwenderisch groß. Der Energieverbrauch eines ganzen Jahres der gesamten Erdbevölkerung beträgt nur einen Bruchteil davon. Wir müssten, wenn wir etwas intelligenter wären, nur wenige Prozent der weltweiten Sonnenenergie einfangen, um unsere jetzige Weltökonomie mit erneuerbaren Energien zu versorgen.

4.2 Strahlungsarten

Die Strahlungsarten, die von der Sonne und von anderen Energiequellen ausgesendet werden, wurden zunächst nach ihrer Wirkung definiert. So spricht man von sichtbarem Licht, von Wärmestrahlung usw. Zwei Begriffe, Frequenz und Wellenlänge, sind in diesem Zusammenhang wichtig:

Die Wellenlänge definiert sich aus dem Abstand der Wellenberge, die Frequenz aus der Zahl der Wellenberge, die in einem bestimmten Zeitraum einen Punkt passieren.

Haufenwolken lassen die Sonne zwischendurch aufblitzen. Die dünne Schneedecke reflektiert bereits einen Teil der Strahlung, die auf den Boden trifft.

Der für das menschliche Auge sichtbare Bereich der Sonneneinstrahlung bewegt sich zwischen 0,4 und 0,73 μm. Der Feuerball Sonne entsendet in allen Bereichen des Frequenzspektrums Strahlung. Nach Durchlaufen der Atmosphäre kommt allerdings nur ein kleiner Teil dieser Strahlung auf der Erde an.

Der Erde fließt nicht nur Sonnenenergie zu, sie strahlt Energie auch wieder ab. Diese Temperaturstrahlung sorgt für das Energiegleichgewicht auf der Erde, denn Körper können Strahlung ausstrahlen, verschlucken, reflektieren oder hindurchlassen. Es gibt solche, die in bestimmten Wellenlängenbereichen alle einfallende Strahlung aufnehmen und wieder abstrahlen.

Ebenso gibt es Körper, die alle Strahlung in einem bestimmten Bereich reflektieren. Die Erde strahlt die absorbierte Energie wieder ab. Die Atmosphäre um die Erde lässt dies aber nicht ungehindert zu. Sie verschluckt, reflektiert die Strahlung und lässt nur einen Teil hindurch. Nur so kann auf der Erde wie in einem Gewächshaus Leben bestehen.

Das Spektrum der Sonnenstrahlung lässt sich in drei Bereiche unterteilen. Der Bereich der UV-Strahlung macht 7% der gesamten Strahlung aus (Wellenlänge 0,29–0,40 μm). Die für das menschliche Auge sichtbare Strahlung beträgt 42% der Energie (0,4–0,73 μm). Der größte Energieanteil (fast 50%) liegt in der Wärmestrahlung (IR-Bereich) zwischen 0,73 und 4,0 μm. Der Rest wird in anderen Wellenlängenbereichen abgestrahlt.

Die UV-Strahlung der Sonne lässt sich ebenfalls in bestimmte Spektren unterteilen, was besonders wichtig ist. Die extrem kurzwellige UV-Strahlung und die UV-C-Strahlung erreichen die Erdoberfläche nur zu einem sehr geringen Teil. Würde diese Strahlung ungestört auf die Erdoberfläche treffen, könnte sich kein Leben auf der Erde entwickeln. Sie wird in der Atmosphäre in 25 bis 50 km Höhe, zum Teil schon oberhalb von 80 km gefiltert. Allerdings nimmt das Ozonschutzschild trotz des fast weltweiten FCKW-Stopps immer noch ab, sodass immer mehr Reststrahlung auf die Erde gelangt. Die UV-B-Strahlung sorgt für die Vitamin D-Bildung im Körper und für den Sonnenbrand. Die UV-A-Strahlung ist ungefährlich und sorgt für Pigmentierung der Haut. Die UV-Strahlung hat weitere positive Effekte. Auf Viren und Bakterien wirkt sie schädlich, das Immunsystem hat so bessere Abwehrmöglichkeiten.

4.3 Variationen im Strahlungshaushalt

Gäbe es auf der Erde keinen Wasserdampf, könnte die Sonne den ganzen Tag scheinen, jegliches Wettergeschehen wäre bis auf die Luftströmungen ausgeschlossen.

1936 hat der russische Meteorologe Milutin Milankovich (1879–1958) berechnet, wie viel Sonneneinstrahlung eine Erde ohne Wasserdampf theoretisch pro Tag auf jedem Punkt der Erde erreichen kann.

Während des Nordsommers trifft auf den Nordpol die größte Strahlungsmenge, nämlich fast 12 kWh/m².

Dieselbe Menge trifft im Südsommer auf den Südpol. Hier scheint auch während der Sommermonate 24 Stunden am Tag die Sonne.

In den Tropen schwankt die Strahlungsmenge nur schwach. Meist liegt sie zwischen 9 und 11 kWh/m² im Jahresverlauf. Die Bestrahlungsstärke folgt dem Sonnenstand (Deklination der Sonne). Im Nord- und im Südwinter liegt die Einstrahlung an den Polen zwischen Herbst und Winter bei Null, in den berühmt-berüchtigten Polarnächten funkeln nur die Sterne. Ab dem 70. Breitengrad ist es zwischen November und Februar stockfinster. Am Pol schwankt die Bestrahlung am stärksten und nimmt zum Äquator hin ab. Auf dem 50. Breitengrad schwankt die Bestrahlung immer noch erheblich, die Werte bewegen sich zwischen 2,2 und 11,5 kWh/m².

Ursache für die unterschiedliche Bestrahlung ist die elliptische Umlaufbahn der Erde um die Sonne.

Die Erdachse ist leicht geneigt, die sogenannte Ekliptik beträgt 23,4 Grad. Himmelsäquator und Ekliptik schneiden sich im Frühling und Herbst, am 21. März und 23. September. Deshalb stehen diese Tage für den Frühlings- und den Herbstbeginn. Deshalb auch erreichen Teile der Nord- und Südhalbkugel im Laufe des Jahres unterschiedliche starke Strahlungsmengen und die Jahreszeiten entstehen.

4.4 Wechselwirkung zwischen Atmosphäre und Strahlung

Das Licht der Sonne wird durch die Atmosphäre vielfältig verändert. An den Luftmolekülen bricht sich die einfallende Strahlung, schwächt ab oder wird reflektiert. Schwebeteilchen und Wolken streuen und reflektieren ebenfalls. Bestimmte Gase wie Wasserdampf und Ozon filtern die Strahlung der Sonne sehr stark.

Während die Sonneneinstrahlung außerhalb der Erde der Strahlung eines heißen schwarzen Körpers bei 5700 °C ähnelt, kommen nur Teile der Strahlung tatsächlich am Boden an. Zahlreiche Wellenlängenbereiche werden gefiltert. Besonders auffällig ist die Filterung der Sonneneinstrahlung der Erde durch die Ozonschicht, die gefährliche Strahlen von der Erde fernhält.

Neuere Messgeräte messen die Strahlung, die auf die Erdoberfläche trifft. Dabei wird die Gesamt- bzw. Globalstrahlung gemessen. Die Sonnenstrahlen treffen nicht nur direkt auf die Erde, ein großer Teil erreicht die Erdoberfläche auf Umwegen. Dies geschieht durch Streuung an Luftmolekülen, Wolken usw. Diese diffuse Strahlung folgt zwar ebenfalls dem Sonnengang, ist aber meist schwächer als die direkte Strahlung.

Die Strahlung, ob diffus oder direkt, wird von der Erdoberfläche teilweise aufgenommen. Ein nicht unerheblicher Teil wird aber auch in den Weltraum reflektiert. Dabei spielt der Winkel der Sonneneinstrahlung eine große Rolle.

Besonders Schnee und Eis reflektieren einen Großteil der Strahlung. Eine frische Schneedecke reflektiert zum Beispiel bis zu 95% des Lichts! Bei einer Asphaltstraße sind es dagegen nur 5–10% der einfallenden Strahlung.

Von der an der Obergrenze der Atmosphäre ankommenden Solarstrahlung (¼ der Solarkonstante = 343 W/m²) erreichen fast 50% die Erdoberfläche. Die Energie von drei Glühbirnen pro Quadratmeter, die in der Wetterschicht oder am Boden ankommt, sorgt für das weltweite Wettergeschehen. Diese Energie wird umgewandelt in Bewegungsenergie der Luftströmungen, Meeresströmungen und in Wettererscheinungen wie Regen und Gewitter.

Das Gegenstück zur Sonneneinstrahlung, die auf die Erde trifft, ist die terrestrische Strahlung. Damit ist hauptsächlich Infrarotstrahlung, also die Wärmestrahlung gemeint, die von der Erdoberfläche in den Weltraum abgestrahlt wird. Der Spektralbereich reicht von 4 μm bis 100 μm.

Die Erde verhält sich bei der langwelligen Wärmestrahlung annähernd wie ein schwarzer Körper. Fast 95% der Strahlung werden absorbiert und wieder abgestrahlt, nur ein kleiner Teil wird reflektiert. Wasser absorbiert 95% der Wärmestrahlung, Eis und Schnee ebenfalls 90–100%. Kalk, Sand und Kies haben ebenfalls Absorptionswerte um 90%. Einzig Blech und andere Metalle weisen die terrestrische Strahlung ab und zeigen einen Absorptionsgrad von unter 10%. Polierte Metalle verschlucken nur 1–2% der langwelligen Strahlung. Wie erwähnt kann die Erde ihre Wärme jedoch nicht einfach in den Weltraum abstrahlen, das verhindert die Atmosphäre. Wasserdampf, Ozon und Kohlendioxid erschweren die Ausstrahlung in den Weltraum. Das gleiche Prinzip macht sich der Mensch beim Gewächs- oder Glashaus zunutze: Die Sonne scheint ins Glashaus hinein, die Wärmestrahlung kann aber durch das Glas nicht entweichen. Je nach Konzentration der Gase wird die Wärmestrahlung der Erde in den Weltraum abgeschwächt oder gar unterbunden.

Nicht nur die Erde strahlt Wärme in den Weltraum ab, auch die Atmosphäre selbst sendet Strahlung in den Weltraum und zum Boden. Bei klarem Wetter und sauberer Luft bestimmt der Wasserdampf die atmosphärische Strahlung. Ist der Himmel bewölkt, verändert sich das Strahlungsbild dramatisch. Dichte Wolken verschlucken die Strahlung des Erdbodens, verhalten sich andererseits aber fast wie ein schwarzer Körper und schicken je nach Temperatur starke Strahlung wieder zum Boden zurück. Je nach Wolkenart, Bedeckungsgrad und Wolkentemperatur erreicht langwellige Wärmestrahlung aus der Atmosphäre den Erdboden. Diese Strahlung wird vom Erdboden zu 95% aufgenommen. Nur ein geringer Teil wird reflektiert.

Die Sonne scheint durch hohe Wolken und Kondensstreifen. Häufig bilden sich durch Reflektionen und Spiegelungen an den Eiskristallen besondere Lichteffekte (Nebensonne, Halos).

Morgenstimmung mit Altocumuluswolken am Himmel. Die hohen Wolken werden von der Sonne, die noch hinter dem Horizont steht, beschienen.

Bei wolkenlosem Himmel erreicht die Erde im Mittel ca. 300 W/m² langwellige Strahlung. Wenn der Himmel bedeckt ist, erhöht sich die Strahlung auf 380–400 W/m². Das ist der Grund, warum es in klaren Nächten so kalt wird. Eine Wolkendecke unterbindet die Wärmeabstrahlung des Erdbodens. Je weniger Wolken am Himmel sind, desto mehr Wärme kann in den Weltraum entweichen.

Betrachten wir das Gewächshaus Erde insgesamt, dann setzt es sich aus verschiedenen Strahlungsarten und Energiequellen zusammen:

4.5 Die Bilanz der Sonneneinstrahlung

Von 100 Wärmeeinheiten der Sonne werden ca. 29 zurück in den Weltraum geschickt. Sechs Einheiten werden von den Molekülen, 17 von den Wolken und 6 vom Erdboden reflektiert. In der Atmosphäre werden 23 Einheiten der solaren Strahlung geschluckt und 48 am Boden aufgenommen.

4.6 Die Bilanz der Wärmestrahlung

Bei der Wärmestrahlung gehen dem Erdboden 119 Wärmeeinheiten verloren. 107 Einheiten werden durch Wolken und Gase in der Atmosphäre aufgenommen. 12 Einheiten werden in den Weltraum abgestrahlt.

Die Atmosphäre strahlt dem Erdboden 100 Wärmeeinheiten durch Wolken und Gase zu und verliert an den Weltraum 59 Einheiten. Insgesamt verliert so die Atmosphäre ständig 159 Wärmeeinheiten. In der Bilanz beider Strahlungsarten verliert die Atmosphäre ständig Energie (–29 Einheiten), während der Erdboden durch die solare Strahlung 29 Einheiten hinzugewinnt. Der Energiekreislauf ist geschlossen.

100 Einheiten stehen für 343 W/m², also für ein Viertel der Energie der Solarkonstante.

Ohne weitere Prozesse würde die Atmosphäre ständig Energie verlieren, der Erdboden ständig Energie gewinnen. Doch es gibt Ausgleichprozesse, die der Atmosphäre die fehlenden 29 Einheiten ersetzen. Es sind keine Strahlungstransporte, sondern latente turbulente Wärmetransporte, d. h. der Transport von Feuchtigkeit und Wärme durch Luftbewegungen in die Atmosphäre.

Rechnet man diese Wärmetransporte ein, so ergibt sich eine Energiebilanz, die insgesamt ausgeglichen ist.

Weltweit sieht die lokale Strahlungs- und Wärmebilanz sehr unterschiedlich aus und das ist letztlich von enormer Bedeutung.

Vom Äquator bis zu den beiden Polen nimmt die Strahlung deutlich ab. Südlich des 45. Breitengrades gewinnt die Erde im Jahresvergleich Energie durch die Sonne, nördlich davon verliert sie bis zu den Polen Energie. Damit wird in groben Zügen bereits das Klimamuster der Erde erkennbar. Durch den starken Energieüberschuss am Äquator, muss es globale Prozesse geben, die die Energie in nördliche Breiten transportieren. Diesen Wärmetransport übernehmen die sogenannte thermische Konvektion und der Transport von latenter Wärme. Die Wärmeleitung spielt bei Gasen in diesen Größenordnungen keine Rolle. Nur in die untersten Millimeter Luft wird die Wärme des Bodens per Wärmeleitung übertragen. Jenseits dieser Größe spielt nur der turbulente Transport durch Luftpakete eine Rolle.

Die thermische Konvektion setzt ein, wenn das Temperaturgefälle an der Erdoberfläche einen bestimmten Wert überschreitet. Die Schichtung wird instabil und wie in einem Kochtopf wird die gesamte Luft- oder Wasserschicht umgewälzt. An einigen Stellen steigt Luft auf, an anderen ab. Wenn das Temperaturgefälle der Atmosphäre in 100 Höhenmetern über 1 Grad Celsius anwächst, beginnen die Instabilitäten in der untersten Luftschicht.

Weit wichtiger als der Transport der fühlbaren Wärme ist der Transport latenter Wärme. Durch Verdunstung an der Wasseroberfläche wird dem Meer ein Großteil seiner Wärme entzogen, die bei der Wolkenbildung in der Atmosphäre wieder freigesetzt wird.

In den mittleren Breiten, in denen wir leben, wird die größte Menge des Energietransportes auf der Erde bewerkstelligt. Starke Westwinde treiben die Luft um den Globus. Angetrieben von Stürmen, die ihre Kraft aus den gewaltigen Temperaturunterschieden ziehen und sich besonders im Herbst und Winter auf den jeweiligen Halbkugeln ausbilden, befördern sie Wärme nach Norden und Kälte nach Süden. Sie sind der Motor der Erdklimaanlage.

Die angesprochene Verteilung der Strahlungsbilanz macht globale Wärmetransporte nötig, wenn es zu einem Ausgleich kommen soll. Dabei spielen Wasser- und Luftströmungen eine entscheidende Rolle. Allein durch die Meere werden ca. 25% der Unterschiede in der Strahlungsbilanz ausgeglichen. Luftströmungen, die Feuchtigkeit und Wärme transportieren, regulieren den Rest.

Durch den definierten Strahlungshaushalt, den Austausch von fühlbarer und latenter Wärme durch Wasser- und Luftströmungen durch Landschaftsform (Orographie) und menschliche Aktivitäten, erhält jeder Punkt der Erde ein bestimmtes unverwechselbares Klima, welches in groben Gruppen zusammengefasst werden kann.

Wir wissen nun: Die Sonne verteilt ihre Strahlung ungleichmäßig auf unserem Planeten. Nur durch Strömungen von Luft und Wasser wird die Wärme verteilt und das Wetter entsteht.

5. Grundlagen des Wetter- und Klimageschehens

Ich möchte Sie jetzt mit zwei Dingen vertraut machen, mit denen wir später das Klima und das Wettergeschehen auf der Erde fast vollständig erklären können. Zum einen mit dem unterschiedlichen Verhalten von warmer und kalter Luft in Bezug auf den Luftdruck, zum anderen mit den Kräften, die die Luftbewegung erzeugen.

Bereits 1874 hat der russische Meteorologe Alexander Iwanowitsch Wojeikow (1842–1916) eine Theorie für die allgemeine atmosphärische Zirkulation auf der Erde aufgestellt, die bis heute korrekt ist.

Die Sonneneinstrahlung und die Kräfte, die durch die Rotation eines Planeten um seine eigene Achse entstehen, verursachen ein allgemeines Zirkulationsschema in der Atmosphäre des Planeten. Dabei entstehen beständige Zonen mit charakteristischem Wetter und Klima. Da der Planet sie selbst verursacht, wird diese allgemeine atmosphärische Zirkulation auch planetarische Zirkulation genannt. Sie tritt nicht nur bei der Erde auf, sondern kann durch Teleskope und Raumsonden auch bei den großen Gasplaneten beobachtet werden.

Die Kraft, die eine Luftsäule auf den Untergrund ausübt, ist umso stärker, je höher sie ist. Der Luftdruck nimmt zu.

Steigen wir auf einen Berg, müssen wir den Teil der Luft, der unter uns liegt, nicht mehr tragen. Die Luftsäule ist kürzer und wir spüren Entlastung.

Der Luftdruck ist niedriger.

Wir halten fest: Der Luftdruck nimmt mit der Höhe ab.

5

Wird Luft erwärmt, dehnt sie sich aus und entweicht nach oben. Liegen eine kalte und eine von der Sonne erwärmte Fläche nebeneinander, streckt sich bei gleichem Luftdruck am Boden die Luftsäule über der erwärmten Fläche. Dabei nimmt mit der Höhe der Luftdruck in der warmen Luft langsamer ab als über der Nachbarfläche, die weiterhin kühl ist.

> *Wir merken uns: In warmer Luft nimmt der Luftdruck langsamer ab als in kalter Luft.*

In den höchsten Schichten der Luftsäule liegt der Luftdruck dann deutlich über denen der Nachbarsäule und es kommt zu einer ausgleichenden Bewegung. Da Luftdruckunterschiede die Luft vom hohen zum tiefen Luftdruck beschleunigen, setzt sich in der Höhe Luft in Bewegung und zwar von der warmen zur kalten Seite.

Auftürmende Cumuluswolken sind an einem Sommernachmittag ein Warnsignal. Bald könnten Schauer und Gewitter entstehen.

Dadurch verliert die warme Luftsäule an Luft und der Luftdruck am Boden fällt. Auf der kalten Seite gibt es einen Zugewinn an Luft und der Luftdruck steigt in Bodennähe an. Am Boden kommt es dadurch zu einer ausgleichenden Luftbewegung. Von der kalten Seite strömt Luft auf die warme Seite.

Der entstehende Kreislauf bleibt so lange bestehen, bis sich die Temperaturunterschiede ausgeglichen haben.

Diese einfache Zirkulation ist in vielen Teilen Deutschlands in schwacher Form immer wieder zu beobachten. Besonders deutlich wird sie im Sommer am Meer. Das Land wird von der Sonne schnell erwärmt, das Meer bleibt kühl. Es entstehen Land-Meerwind-Zirkulationen, die Sie nun erklären können. Im Sommer weht deshalb selbst an windstillen Tagen ein kühler Wind vom Meer aufs Land. Abends weht dann der Wind vom Land aufs Meer, weil die Erde schneller abkühlt als das Wasser.

Wir kommen zum zweiten wichtigen theoretischen Teil: der Luftbewegung auf unserem Planeten.

Wind folgt dem Luftdruckgefälle, also einer Kraft entlang des Luftdruckgefälles.

Der Luftdruckgradient (also das Luftdruckgefälle) und die daraus resultierende Kraft haben die gleiche Richtung. Auf Wetterkarten werden oft die Linien gleichen Luftdrucks eingezeichnet. Je enger die Zonen gleichen Luftdrucks beieinanderliegen, desto stärker wirkt die Gradientkraft. Die Gradientkraft wirkt senkrecht zu den Isobaren vom hohen zum tiefen Luftdruck, ähnlich wie bei dem einfachen Zirkulationssystem oben.

Je stärker das Luftdruckgefälle, desto stärker die Gradientkraft, desto stärker der Wind.

Merken wir uns: Je größer das Luftdruckgefälle,
desto stärker der Wind.

Oben war von der unterschiedlichen Verteilung der Sonneneinstrahlung auf der Erde die Rede. Die Pole verlieren fortlaufend an Energie, während der Äquator ständig Sonnenwärme gewinnt.

Rund um den Pol herrscht also Kaltluft vor, rund um den Äquator Warmluft. So könnte unsere Modellwelt folgende Luftdruckverteilung ausweisen:

Am Boden befindet sich an den Polen ein Kältehoch, am Äquator ein Hitzetief. In großen Höhen befindet sich über dem Äquator ein Höhenhoch und am Pol ein Höhentief.

Bis etwa zum 35. Breitengrad sind die Gebiete rund um den Äquator warm. Rund um den Pol sind die Gebiete einheitlich kalt. Dazwischen konzentriert sich in den mittleren Breiten das Temperaturgefälle der beiden Halbkugeln. Die Unterschiede im Höhenluftdruck sind zwischen dem 35. und 65. Breitengrad auf beiden Erdkugeln am größten. Aus diesem Grund bilden sich auf beiden Seiten der Halbkugeln Frontalzonen aus, in denen die überschüssige Wärme der Tropen zu den Polen geführt wird.

In der Höhe würde es also in der Modellwelt ein Windsystem geben, das in der Höhe vom Äquator zum Pol gerichtet ist. Der Wind würde von Süden nach Norden wehen.

Tatsächlich weht der Wind aber nicht einfach von Hoch zu Tief, vielmehr stellt man fest, dass sich die Luft parallel zu den Linien gleichen Luftdrucks bewegt. Es ist also noch eine Kraft vorhanden, welche die Luftbewegung beeinflusst. Es ist die Erddrehung, die sog. Corioliskraft, die die Luft auf der Nordhalbkugel nach rechts und auf der Südhalbkugel nach links ablenkt.

Um das zu verstehen, ist folgendes wichtig: Die Erde dreht sich in 24 Stunden einmal um sich selbst, die Drehgeschwindigkeit ist jedoch an den Polen eine ganz andere als am Äquator. Da der Weg wesentlich länger ist, nimmt sie zum Äquator hin deutlich zu, was sich uns jedoch nur daran zeigt, dass die Winde anders wehen.

Nun stelle man sich ein Luftpaket vor, das am Äquator nach Norden startet. Es beginnt seine Reise aus einem Gebiet mit hoher in ein Gebiet mit niedriger Drehgeschwindigkeit in Richtung Pol. Diesen Drehimpuls nimmt das Luftpaket mit und wird deshalb auf der Nordhalbkugel nach rechts abgelenkt. Denn es ist eigentlich schneller nach Osten unterwegs als die Erde unter ihm. Die Kraft der Erddrehung ist also entscheidend für unser Wettergeschehen.

Die Windbewegungen erfolgt daher nicht direkt von Hoch zu Tief, sondern, ohne Betrachtung der Reibungswirkung des Bodesn, entlang der Linien des gleichen Luftdrucks. Es kommt somit nicht direkt zum Ausgleich von hohem und tiefen Luftdruck bzw. zum Ausgleich von warmer und kalter Luft. Die Natur muss Umwege nehmen.

Wir merken uns: Gradientkraft und Corioliskraft heben sich auf.
Mit wachsender Windgeschwindigkeit wächst die Corioliskraft mit.

Die Erddrehung und die Corioliskraft sind breitengradabhängig. In der Nähe des Äquators gibt es die Corioliskraft nicht bzw. ist sie sehr schwach. Der Wind weht direkt vom hohen zum tiefen Luftdruck. Größere Hoch- und Tiefdruckgebiete bilden sich erst gar nicht aus.

Die Wellenbewegung der Luft lässt sich aus dem Flugzeug häufig beobachten.

Nun gibt es allerdings zwei weitere Kräfte, die wir beachten müssen. Zumindest eine ist zum Verständnis in diesem Zusammenhang wichtig: die Reibungskraft.

Die Reibungskraft bremst die Luftbewegung in Bodennähe ab. Oberhalb von ca. 1000–1500 m über der Erdoberfläche fließt die Luft ungebremst. In Bodennähe aber ist die Reibungskraft deutlich spürbar.

In den untersten Schichten der Atmosphäre wirkt die Reibungskraft so stark, dass mit der veränderten Windgeschwindigkeit auch eine Änderung der Windrichtung einhergeht. Der Wind weht nun in Richtung des tieferen Luftdrucks und nicht mehr parallel zu den Isobaren. Je größer die Reibungskraft ist, desto schneller wird ein Luftdruckunterschied zwischen Hoch und Tief ausgeglichen.

Damit lässt sich eine wichtige Tatsache erklären, die bedeutenden Einfluss auf unser Wetter hat: Über den Ozeanen haben Tiefdruckgebiete eine wesentlich höhere Lebensdauer, da die schwächere Reibung die Luftdruckunterschiede nicht so schnell ausgleicht wie über Land. Deshalb ziehen atlantische Tiefs über Europa und landen auf dem Tiefdruckfriedhof über Osteuropa oder dem Balkan, wo die Reibungskraft sie langsam sterben lässt.

Auf der Nordhalbkugel weht der Wind in einem Tief gegen den Uhrzeigersinn. Auf der Südhalbkugel weht der Wind in einem Tief im Uhrzeigersinn.

Bei einem Nord-Süd-Druckgefälle wird in der Höhe der Wind auf der Nordhalbkugel ein Ostwind, auf der Südhalbkugel ein Westwind.

Auf der Nordhalbkugel gibt es ein Druckgefälle von Nord nach Süd, auf der Südhalbkugel von Süd nach Nord. Daraus resultieren in beiden Fällen in relativer Erdnähe Westwinde.

Aufgrund der Ablenkung der Winde in der Bodenschicht resultieren daraus auf der Nordhalbkugel Südwestwinde, auf der Südhalbkugel Nordwestwinde.

Mit diesem Wissen schauen wir uns nun noch einmal die Zirkulation auf der Erde an:

Die Frontalzone stellt das Windband dar, welches auf beiden Halbkugeln den Wärme-, Feuchte- und Impulstransport auf der Erde bewerkstelligt. Allerdings darf man sich darunter nicht einfach einen Luftstrom vorstellen, der von West nach Ost fließt. Die Frontalzone ist vielmehr ein großes Band mit sogenannten Trögen und Rücken, also Ausbuchtungen. Diese ausgebuchteten Luftdruckfelder transportieren Wärme und Kälte in die verschiedenen Breiten. In Rücken wird warme Luft nach Norden, in Trögen wird kalte Luft nach Süden transportiert.

Die Frontalzone ist die Zone, in der die meisten unserer Tief- und Hochdruckgebiete entstehen, die uns auf der Wetterkarte jeden Tag neu begleiten. Dies hat überwiegend strömungsdynamische Gründe. Wir können das mit dem bisher Gesagten bereits erklären. Luftmassen, die sich über den Globus bewegen, erfahren beim Durchlaufen der Westwindzone unterschiedliche Beschleunigungen, insbesondere dann, wenn sie warme und kalte Luftmassen trennen. Der Westwind, der mit hoher Geschwindigkeit um den Planeten fegt, ist somit nicht stabil. Er neigt zum Ausbrechen nach Norden und Süden, vor allem, wenn ein kritischer Temperaturgradient besteht. Die Trägheit der Luft, also das langsame reagieren auf Beschleunigungen durch die unterschiedlichen Luftdruckunterschiede und Temperaturen, beschleunigt dann die Bildung von großen Hochs und Tiefs.

Die Luft wird dabei nicht mehr parallel zu den Isobaren bewegt, sondern erfährt eine kleine, kaum messbare Beschleunigung in verschiedene Richtungen. Durch Verzögerung bei der Beschleunigung kommt es zum Aufbau eines Tiefdruckgebietes auf der kalten Seite der Frontalzone und zum Aufbau von Hochs auf der warmen Seite.

Die Luftströmung um den Globus, erhebliche Temperaturunterschiede und die Trägheit der bewegten Luft sorgen für ein ständiges Auf und Ab bei der Bildung von Hoch- und Tiefdruckgebieten. Die Frontalzonen auf beiden Seiten der Halbkugeln sind somit die Wetterküchen unseres Planeten, denn sie übernehmen zusammen mit den Wasserströmungen den Transport von Wärme und Feuchtigkeit.

Da die Corioliskraft in einem großen Hoch und einem Tief unterschiedlich ist, scheren die Tiefs und Hochs aus der Frontalzone unterschiedlich aus.

Tiefs scheren auf der Nordhalbkugel nach Nordosten aus. Daher finden sich die meisten Tiefs rund um den 60. und 70. Breitengrad.

Hochs hingegen scheren nach Südosten aus und befinden sich daher häufig zwischen dem 30. und 40. Breitengrad.

Dadurch wird unser Weltklimawettermodell etwas komplexer, aber wir sind damit schon ziemlich nahe an der Wirklichkeit.

Rund um den 60. Breitengrad bilden sich Gebiete tiefen Luftdrucks, die sogenannten subpolaren Tiefdruckrinnen, und um den 30. Breitengrad die subtropischen Hochdruckgürtel.

Thermisch bedingt bilden sich Hochs um beide Pole. Hier fehlt selbst im Sommer die Wärme. So bilden sich bodennahe kalte Hochs aus, die Ostwinde produzieren.

Zwischen den Subtropenhochs und dem Äquator wehen beständig Passatwinde.

Damit wird deutlich: Allein mit dem Verhalten von warmer und kalter Luft und vier jenen Kräften, die den Wind bewegen, lassen sich unser Weltklima und das Weltwetter recht gut erklären.

5.1 Zirkulation auf der Erde – Klimazonen

Das Wetter beschreibt den augenblicklichen Zustand der unteren Atmosphäre an einem Ort. Das Wetter kann sich im Verlauf eines einzigen Tages mehrmals stark ändern. Das durchschnittliche Wetter über mehrere Tage oder auch Wochen wird mit dem Begriff Witterung beschrieben. Die Wetterelemente wie Temperatur und Niederschlag über ein gesamtes Jahr betrachtet führen zum Begriff des Klimas. Um das Klima für einen Ort charakterisieren zu können, ist eine mindestens zehnjährige, besser eine mindestens 30-jährige kontinuierliche Messwertaufzeichnung notwendig. Das Wort Klima kommt aus dem Griechischen und bedeutet so viel wie Neigung. Damit ist jedoch nicht die Neigung der Erdachse gegen die Bahnebene gemeint, die für die Jahreszeiten verantwortlich ist. Das Wort bezieht sich auf die Sonnenstände, die sich mit der geographischen Breite ändern. Das Klima wird also insbesondere

Kleine Haufen- und Schönwetter-Cumuluswolken bilden sich an der Küste bei schönem Wetter.

von der Sonneneinstrahlung bestimmt. Entsprechend dem mit der geographischen Breite sich ändernden Sonnenstand existieren auf der Erde sehr viele verschiedene Klimazonen. Neben dem Sonnenstand ist für das Klima einer Region zusätzlich entscheidend, wie weit das Meer entfernt ist, da das Meerwasser eine außergewöhnlich hohe spezifische Wärmekapazität besitzt (d. h. auf die gleiche Masse bezogen kann Wasser wesentlich mehr Wärme speichern als beispielsweise Luft oder Erde). In Meeresnähe werden extreme Temperaturereignisse, die im Verlauf eines

5

Jahres auftreten, abgeschwächt. Auch die Oberflächenbeschaffenheit ist für das Klima an einem Ort wichtig, da von ihr zum einen die sogenannte Albedo, das Rückstrahlungsvermögen der jeweiligen Oberfläche, abhängt, zum anderen verschiedene Oberflächen (Erde, Stein, Sand etc.) verschiedene Wärmespeicherkapazitäten haben.

Die große Vielfalt der Land-Meer-Verteilung führt somit zu einer sehr vielfältigen Struktur des globalen Klimas. Um Ordnung in die verschiedenen Klimazonen zu bringen, wurden verschiedene Klimaklassifikationen eingeführt. Am weitesten verbreitet sind effektive Klimaklassifikationen, also jene, die sich an den Auswirkungen des Klimas orientieren. Für die wichtigsten Klimazonen sind hier Beispiele aufgeführt.

Mittlere Breiten, Trockenklimate, Beispiel: Kapstadt, Südafrika
(33° 55′ 21.6″ S, 18° 25′ 0.08″ O)

Monat	Jan.	Febr.	März	April	Mai	Juni	Juli	Aug.	Sept.	Okt.	Nov.	Dez.
Temperatur	21,0	21,1	19,9	17,3	14,9	13,1	12,4	13,0	14,3	16,2	18,2	19,9
Niederschlag	16	15	22	50	92	105	91	83	54	40	24	19

Westwindklimate: das ganze Jahr über Wechsel zwischen Hochs und Tiefs, immer wieder Regen, im Südsommer trocken, ähnlich wie im Mittelmeerraum.

Warmgemäßigte Regenklimate, Beispiel: Berlin
(52° 31′ 7″ N, 13° 24′ 29″ O)

Monat	Jan.	Febr.	März	April	Mai	Juni	Juli	Aug.	Sept.	Okt.	Nov.	Dez.
Temperatur	0,5	1,2	4,6	8,7	13,9	16,6	18,4	17,8	13,6	9,1	4,4	1,8
Niederschlag	43	36	41	38	53	67	55	62	45	37	45	57

Unser typisches Frontalzonenklima. Immer wieder Wechsel zwischen Hochs und Tiefs, Regen.

Schnee-Wald-Klimate, Beispiel: Trondheim, Norwegen
(63° 26′ 24″ N, 10° 24′ 0″ O)

Monat	Jan.	Febr.	März	April	Mai	Juni	Juli	Aug.	Sept.	Okt.	Nov.	Dez.
Temperatur	–3,8	–3,1	–0,5	3,6	8,3	11,8	15,0	13,9	9,9	5,3	1,3	–1,3
Niederschlag	71	71	70	63	47	64	69	77	93	99	67	79

Übergang zum polaren Klima. Meist noch Wechsel zwischen Hochs und Tiefs. Aufgrund der Meeresnähe noch viel Niederschlag ganzjährig.

Tundrenklimate, Beispiel: Spitzbergen, Norwegen
(78° 54′ 0″ N, 18° 1′ 0″ O)

Monat	Jan.	Febr.	März	April	Mai	Juni	Juli	Aug.	Sept.	Okt.	Nov.	Dez.
Temperatur	-10,3	-10,8	-11,9	–8,2	–2,7	2,1	5,0	4,5	1,3	–2,4	–5,3	–6,9
Niederschlag	22	31	31	16	21	26	32	36	36	44	23	36

Wenig Niederschlag. Einfluss des polaren Hochdruckgebiets. Zeitweise zeigt sich der Einfluss der Frontalzone mit seinen Hochs und Tiefs.

Die folgenden drei Standorte liegen in mittleren Breiten: Durch den Durchzug von Hochs und Tiefs ständig wechselndes Wettergeschehen, Polar- und subtropische Luftmassen wechseln sich ab. Moskau schon stark kontinental, was man an großen Schwankungen der Temperatur im Jahresverlauf erkennt. Im Gegensatz dazu Tokio mit ganzjährigem Regen und nicht ganz so stark schwankenden Temperaturen.

New York
(40° 42′ 46″ N, 74° 0′ 21″ W)

Monat	Jan.	Febr.	März	April	Mai	Juni	Juli	Aug.	Sept.	Okt.	Nov.	Dez.
Temperatur	0,7	0,8	4,7	10,8	16,9	21,9	24,9	23,9	20,3	14,6	8,3	2,2
Niederschlag	81	77	91	99	97	93	97	87	84	73	92	86

Moskau
(55° 45′ 0″ N, 37° 37′ 0″ O)

Monat	Jan.	Febr.	März	April	Mai	Juni	Juli	Aug.	Sept.	Okt.	Nov.	Dez.
Tempe-ratur	–9,4	–7,9	–2,3	6,2	13,4	17	18,5	17,1	11,6	5,3	–1,1	–6
Nieder-schlag	55	44	41	34	53	78	85	87	65	77	53	46

Tokio
(35° 41′ 2″ N, 139° 46′ 28″ O)

Monat	Jan.	Febr.	März	April	Mai	Juni	Juli	Aug.	Sept.	Okt.	Nov.	Dez.
Tempe-ratur	5,1	5,5	8,3	13,9	18,6	21,7	25,2	27,2	23,1	17,5	12,4	7,6
Nieder-schlag	46	62	99	122	131	180	125	141	181	161	88	46

Auckland
(36° 51′ 0″ S, 174° 47′ 0″ O)

Monat	Jan.	Febr.	März	April	Mai	Juni	Juli	Aug.	Sept.	Okt.	Nov.	Dez.
Tempe-ratur	19,4	19,7	18,8	16,3	13,7	11,7	10,8	11,5	12,9	14,3	16,1	17,9
Nieder-schlag	80	78	92	100	108	131	133	125	105	86	85	88

Ebenfalls Hochdruckeinfluss durch die Subtropenhochs. Tropische Stürme, aber auch Tiefdruckgebiete der Westwinde bringen Regen.

Karibik (Bahamas)
(23° 55′ 0″ N, 77° 40′ 0″ W)

Monat	Jan.	Febr.	März	April	Mai	Juni	Juli	Aug.	Sept.	Okt.	Nov.	Dez.
Tempe-ratur	21,2	21,4	22,3	23,8	25,3	26,8	27,4	27,7	27,3	25,8	23,7	22
Nieder-schlag	45	44	44	60	109	167	165	163	180	202	80	45

Auch auf den Azoren fallen unter dem Subtropenhoch aufgrund der vorbeiziehenden Wetterfronten immer wieder größere Regenmengen.

São Miguel
(37° 46′ 17″ N, 25° 27′ 43″ W)

Monat	Jan.	Febr.	März	April	Mai	Juni	Juli	Aug.	Sept.	Okt.	Nov.	Dez.
Tempe-ratur	17,1	16,8	17,3	18,2	20	22,2	24,5	25,7	24,8	22,3	19,6	17,9
Nieder-schlag	140	112	110	68	47	40	28	33	81	119	131	111

Es folgen fünf typische tropische Regenklimastandorte. Sie zeichnen sich durch ganzjährig hohe Regenmengen aus. Die Temperatur schwankt im Jahresverlauf nur gering.

Rio
(22° 54′ 30″ S, 43° 11′ 47″ W)

Monat	Jan.	Febr.	März	April	Mai	Juni	Juli	Aug.	Sept.	Okt.	Nov.	Dez.
Tempe-ratur	25,9	26,1	23,5	23,5	21,5	20,4	19,8	20,7	21,5	22,4	23,4	24,6
Nieder-schlag	114	105	103	137	85	80	56	51	87	88	96	169

Nairobi
(1° 17′ 0″ S, 36° 49′ 0″ O)

Monat	Jan.	Febr.	März	April	Mai	Juni	Juli	Aug.	Sept.	Okt.	Nov.	Dez.
Tempe-ratur	18,7	19,3	19,8	19,4	18,3	16,8	15,9	16,3	17,6	18,9	18,5	18,4
Nieder-schlag	51	48	96	250	179	43	26	26	31	75	159	86

Kinshasa (Dem. Rep. Kongo)
(4° 19′ 54″ S, 15° 18′ 50″ O)

Monat	Jan.	Febr.	März	April	Mai	Juni	Juli	Aug.	Sept.	Okt.	Nov.	Dez.
Tempe-ratur	26	26,2	26,7	26,8	26	23,4	22	23,3	25,6	26,2	26,1	25,9
Nieder-schlag	128	139	181	209	134	5	1	4	33	137	236	171

Jakarta
(6° 10′ 30″ S, 106° 49′ 43″ O)

Monat	Jan.	Febr.	März	April	Mai	Juni	Juli	Aug.	Sept.	Okt.	Nov.	Dez.
Tempe-ratur	26,1	26,1	26,7	27,2	27,2	27	26,7	26,7	27,2	27	26,7	26,4
Nieder-schlag	300	300	211	147	114	97	64	43	66	112	142	203

Singapur
(1° 17′ 0″ N, 103° 50′ 0″ O)

Monat	Jan.	Febr.	März	April	Mai	Juni	Juli	Aug.	Sept.	Okt.	Nov.	Dez.
Tempe-ratur	26,4	27	27,5	27,5	27,8	27,5	27,5	27,2	27,2	27	27	27
Nieder-schlag	251	173	193	188	173	173	170	195	178	208	254	256

Wostok (Antarktis)
(78° 27′ 51.92″ S, 106° 50′ 14.38″ O)
Nicht fehlen darf das Klima der Antarktis, welches sich durch geringe Niederschläge und extreme Kälte auszeichnet. Der Wasserdampfgehalt der Luft ist so gering, dass kaum größere Schneefälle entstehen. Zudem herrscht hier wegen der Kälte ständig Hochdruckeinfluss.

Monat	Jan.	Febr.	März	April	Mai	Juni	Juli	Aug.	Sept.	Okt.	Nov.	Dez.
Tempe-ratur	–31	–45	–57	–64	–62	–68	–65	–72	–66	–61	–43	–33
Nieder-schlag	0	0	0	3	5	6	6	7	16	9	3	0

Monsunklimate

Überquert die tropische Gewitterzone den Äquator im Nordsommer, heizt sich der indische Subkontinent stark auf. Es bildet sich über Asien ein großes Hitzetief, das die Gewitterzone weit nach Norden wandern lässt. Von Südwesten her erreichen die Gewitter Indien im Juni, Pakistan im Juli und August und stoßen gegen den Himalaya. Für 6–8 Wochen regnet es dann heftig und ohne Pause.

Neu Delhi
(28° 38′ 12″ N, 77° 13′ 29″ O)

Monat	Jan.	Febr.	März	April	Mai	Juni	Juli	Aug.	Sept.	Okt.	Nov.	Dez.
Temperatur	14,2	17	22,6	28,8	32,3	33,6	31	29,6	29,2	26,3	20,6	15,4
Niederschlag	17	15	14	9	18	52	221	252	122	21,1	5,2	7,8

Tropische Wirbelstürme

Etwas nördlich des Äquators heizt sich während der Sommermonate das Meer stark auf. Bei Wassertemperaturen von 28 °C können sich ab 5° nördlich des Äquators tropische Tiefs bilden, die später unter günstigen Umständen zu Tropenstürmen und Hurrikanen anwachsen. Sie bilden ein großes Tief mit starkem Windfeld aus. Zusammen mit unwetterartigem Regen verursachen sie erhebliche Schäden an den Küsten.

5.2 Klimafaktoren und Klimaänderung

Um es gleich vorwegzunehmen: Klimaänderungen sind keine Erscheinungen der technisierten Welt, sondern haben meist natürliche Ursachen. Klimaveränderungen hat es in der Erdgeschichte immer gegeben. Der natürliche Treibhauseffekt macht das Leben auf der Erde erst möglich. Ohne ihn würde die globale Mitteltemperatur keine lebensfreundliche 15 °C, sondern lebensfeindliche –18 °C betragen. Die Klimaänderungen treten in langen Zyklen auf.

Die Parameter der Erdbahn: Der jugoslawische Geophysiker und Mathematiker Milutin Milankovic (1879–1958) hat erkannt, dass sich die Erdbahn um die Sonne periodisch verändert. Dies hat erheblichen Einfluss darauf, wie viel Sonnenstrahlung auf die verschiedenen Teile der Erde trifft. Im Wesentlichen gibt es drei periodische Änderungen.

Die Exzentrizität der Erdbahn ändert sich mit einer Periode von 413.000 Jahren. Die Exzentrizität gibt an, ob die Erdbahn mehr einem Kreis oder mehr einer Ellipse entspricht. Zum einen steht die Sonne dann der Erde ggf. näher und die Solarkonstante wird größer. Zum anderen durchläuft die Erde bei einer Ellipse nach dem zweiten Keplerschen Gesetz in Sonnenferne die Bahn langsamer als in Sonnennähe. Dies hat Einfluss auf die Jahreszeiten.

Eine Lichtsäule, die kurz vor Sonnenaufgang durch hohe Wolken scheint, sorgt für eine wunderschöne Himmelsfarbe.

5

Die Neigung der Erdachse gibt an, mit welcher Neigung die Rotationsachse der Erde auf der Erdbahn steht. Mit einer Periode von 41.000 Jahren schwankt die Neigung der Erdachse zwischen 22,1° und 24,5°. Auch das führt zu Änderungen bei den Jahreszeiten. Bei größerer Neigung sind die Winter kälter und die Sommer wärmer. Da dies auf Gletscher und Schneeflächen und deren Ablation (Schmelze und Verdunstung) großen Einfluss hat, hat dies auch auf die Albedo, also das Rückstrahlvermögen (Reflektion) der Erde großen Einfluss. Schnee und Eis reflektieren wesentlich mehr Sonnenlicht als beispielsweise Wälder oder Gräser. Dies ist wie oft in Klimasystemen ein rückkoppelnder Effekt.

Mit einer Periode von 26.000 Jahren präzidiert die Erdachse, d. h. sie verändert in diesem Zeitraum ihre Ausrichtung. Diese Taumelbewegung führt zu einer Verlagerung des Frühlingpunktes und die Jahreszeiten treten an immer anderen Punkten der Erdbahn auf. In Kombination mit den anderen Effekten hat auch dies einen starken Einfluss auf das Klima.

Die Sonne strahlt über lange Zeiträume mit einem nahezu konstanten Energiestrom. Doch auf der Sonne kommt es immer wieder zu Eruptionen, die einen anderen Sonnenwind verursachen. Dieser kann in höheren Schichten der Atmosphäre Veränderungen nach sich ziehen, z. B. in der Stratosphäre die Ozonkonzentration verändern, was wiederum Einfluss auf den Strahlungshaushalt der Erde hat und somit für eventuelle Klimaveränderungen verantwortlich sein kann.

Der deutsche Meteorologe Alfred Wegener (1880–1930) veröffentlichte 1915 eine Theorie zur Kontinentaldrift. Laut Wegener brach ein großer Urkontinent namens Gondwana auseinander. Die damit einhergehende Verlagerung der Landmassen hatte ebenfalls großen Einfluss auf das Klima. Da sich auf der Erde verschiedene Oberflächen (Sand, Eis, Vegetation) ausbilden, ändert sich die Albedo, was wiederum klimarelevante Konsequenzen hat.

Auch Vulkane haben erheblichen Einfluss auf das Klima. Zum einen, weil sie klimarelevante Gase freisetzen, z. B. große Mengen CO_2, was den Treibhauseffekt verstärkt; andere freigesetzte Substanzen (Aerosole) erhöhen die Reflektion des Sonnenlichts. Zum anderen reichern sie die Atmosphäre mit großen Mengen Staub an.

Neben natürlichen Treibhausgasen gelangen seit der industriellen Revolution auch vom Menschen verursachte Treibhausgase in die Atmosphäre. Hierzu zählen CO_2 aus der Verbrennung von fossilen Brennstoffen, aber auch Methan aus der Massentierhaltung. Die Relation zwischen dem Einfluss natürlicher und künstlicher Klimaveränderungen wird zur Zeit sehr unterschiedlich bewertet.

Von besonderer Klimarelevanz sind auch globale Meeresströmungen, in erster Linie das sogenannte globale Förderband *(conveyor belt)*, von dem das folgende Kapitel handelt.

5.3 El Niño und La Niña – zum Einfluss der Meeresströmungen auf das Klima

Im Pazifik bildet sich eine unregelmäßig Schwankung der Wassertemperaturen aus, die eine erhebliche Auswirkung auf das Klima hat. Während der El-Niño-Phase wird warmes Wasser auf den Pazifik hinausgetrieben. Die Folge sind weltweite Klimaturbulenzen, die bis zu einer Dürre in der Sahelzone in Afrika reichen. Während der umgekehrten Phase (La Niña) wird kaltes Wasser auf den Pazifik hinausgetrieben. Die Folge kann eine leichte weltweite Abkühlung sein.

Diese Klimaschaukel im Pazifik zeigt, wie wichtig Meeresströmungen für das Weltklima sind.

5.4 Die thermohaline Zirkulation (globales Förderband)

Die Erde ist überzogen von einem globalen Netz von kalten und warmen Meeresströmungen, über das warmes Wasser aus den Gebieten mit Strahlungsüberschuss in polnahe Gebiete transportiert wird. Dieser Transport erfolgt oberflächennah. Auf dem Meeresboden strömt kaltes Wasser aus den Polregionen wieder zurück. Der Antrieb für dieses Förderband entsteht aus dem Zusammenspiel von Temperatur und Salzgehalt (deshalb »thermohalin«, griechisch: *thermo* = warm, *hals* = Salz). Die Dichte des Wassers nimmt über 4 °C (wie bei allen Flüssigkeiten) mit steigender Temperatur ab. Salzwasser hat eine größere Dichte als Süßwasser bzw. als weniger salzhaltiges Wasser. Das salzhaltige und kalte Wasser sinkt zum Tiefseeboden ab und treibt somit das Förderband an. Es zieht das salzhaltige warme Wasser nach Norden. Es gibt Szenarien, die darauf hinweisen, dass das verstärkte Abschmelzen des Nordpolareises diese Zirkulation verändern könnte. Das Schmelzwasser, also Süßwasser, hat keine so starke Dichte und sinkt somit nicht so schnell in die Tiefe ab. Das globale Förderband könnte über dem Golfstrom stoppen. Die Warmwasserheizung Europas könnte ausfallen.

Wasservolumina benötigen unter Umständen mehrere tausend Jahre, um das Förderband einmal zu durchlaufen. Wasser besitzt eine sehr hohe spezifische Wärmekapazität. Die Wasserpakete, die heute beispielsweise in Grönland absinken, tauchen also erst nach frühestens 1000 Jahren wieder auf. Dann können sie klimawirksam sein, denn sie haben die Klimabedingungen von vor 1000 Jahren gespeichert. An diesen Vorgängen ändert menschliches Zutun nichts.

6. Leben zwischen Warm- und Kaltfronten – unsere Westwindzone

Es ist eine Kampfzone, in der wir leben. Luftmassen treffen aufeinander, mischen sich nicht, sondern ziehen scharf getrennt aneinander vorbei und bilden Fronten.

Fronten grenzen die Luftmassen ab. Warme Luft gleitet dabei langsam auf kalte bodennahe Luft auf, während sich kalte Luft schneller bewegt und schnell und massiv in warme Luft eindringt. Entlang der Ausbuchtungen der Polarfront bilden sich ständig neue Tiefs und Hochs.

Im Folgenden ein Szenario typischen Wettergeschehens beim Durchgang eines vollständigen Wettersystems:

Das schöne Wetter neigt sich mit einem Aufzug von Cirren von Westen her dem Ende entgegen. Der Luftdruck fällt schon seit Stunden. Es zieht immer weiter zu und ist dicht bewölkt. Nach einigen Stunden erreichen die Wolken den Boden und es regnet. Meist geht der Regen an der durchziehenden Warmfront in Sprühregen über. Im Warmsektor kann die Wolkendecke aufreißen und die Sonne sich zeigen. Die Temperatur macht einen Sprung nach oben. Nach einer kurzen Schönwetterphase mit konstantem Druck fällt der Luftdruck wieder stark ab und es ziehen große graue Schauer- und Gewitterwolken auf. Es regnet kurz und kräftig bei stark ansteigendem Luftdruck. Der Wind weht in Böen. Es folgen bei steigendem Luftdruck Schauer auf der Rückseite des Tiefs. Das Wetter wird in der kalten Luft langsam besser.

In unseren Breiten haben wir deshalb beim Durchzug eines Tiefs die Chance, fast alle Wetterelemente zu beobachten, die unsere Atmosphäre zu bieten hat.

7. Wetterelemente

7.1 Ein fliegender Ozean

Die Basis allen Wettergeschehens ist die ständige »Verschwendung« von Sonnenenergie auf unserem Planeten. Sie wird nur zum Teil in den Weltraum zurückgestrahlt, zu einem überwiegenden Teil bleibt sie im »Treibhaus Erde« gefangen, wo sie die Erde unterschiedlich stark er-

Luftwellen zeigen sich besonders schön aus dem Flugzeug – sie sehen aus wie Wasserwellen!

wärmt. Diese in Luft- und Meerestemperaturen gespeicherte Wärme löst sich in Bewegungsenergie von Luft und Wasser auf, die versucht, die Temperaturunterschiede und damit auch Druckunterschiede auf dem Planeten auszugleichen.

Das, was wir unter Wetter verstehen, sind Milliarden von Wassermolekülen in allen möglichen Zustandsformen, durch unterschiedliche Temperaturen im Wasserkreislauf gefangen.

Der Wasserkreislauf der Erde ist faszinierend. Er beginnt mit der Verdunstung, also dem Übergang der Wassermoleküle vom flüssigen in den gasförmigen Zustand. Pro Jahr verdunsten von Meeren, Flüssen und vom Land ca. 500.000 km³ Wasser und treten in unsere Wetterschicht ein. Diese verdunsteten Wassermengen stehen grundsätzlich zur Wolkenbildung zur Verfügung. Regen, Schnee oder Graupel führend der Erde das Wasser wieder zu. Der Kreislauf schließt sich. Besonders dem Meer wird durch Verdunstung jedoch mehr Wasser entzogen als durch Niederschläge wieder zugeführt. Über dem Land hingegen regnet es fast doppelt so viel wie verdunstet wird. Grund dafür sind die Gebirge, die die Wolken zum Abregnen bringen.

7.2 Die Wolkenbildung

Je näher der nächste feuchtigkeitsspendende Ozean ist, desto häufiger treten Wolken in den verschiedenen Stockwerken auf und verdunkeln die Sonne. Die gleichen Wolkenarten finden sich überall auf der Erde, selbst in der tagsüber brütend heißen Sahara sind jeden Tag Wolken zu sehen, allerdings meist sehr hohe Eiswolken, die einen wunderschönen Kontrast zum blauen Himmel und hellgelben Sand bilden.

Wolken entstehen immer da, wo Luft aufsteigt. Aufsteigende Luft gelangt in Regionen mit niedrigerem Luftdruck, kühlt ab und kondensiert die Feuchtigkeit in der Luft. Es bilden sich Wassertröpfchen und mit genügend Wassertröpfchen wird die Wolke sichtbar.

Bis ins 19. Jahrhundert wurden Wolken sehr unsystematisch nach ihrem Aussehen beschrieben. Es gab keine einheitlichen Begriffe für un-

Schauerwolken bei Aprilwetter ziehen rasch über das Land. Jederzeit kann es neben etwas Sonnenschein auch einen Regenguss geben.

terschiedliche Arten von Wolken. Wetterbeobachter auf Schiffen und an Leuchttürmen beschrieben den Himmel mit Worten wie »aufbrausendes Wetter« oder »die Wolken sind zerrissen«, »Monster und Tiger ziehen vorbei«. Mit diesen subjektiven Umschreibungen war wissenschaftliche Vergleichbarkeit nicht herstellbar. Der junge Engländer Luke Howard (1772–1864) brachte Ordnung ins Chaos. Der Apotheker hatte sich sein Wissen über die verschiedenen Wolken im Selbststudium angeeignet und brachte es an einem nasskalten Dezemberabend 1802 in einem Vortrag über die »Modifikation der Wolken« *(On the Modification of Clouds)*

7

zu Gehör. Dass Wolken nichts anderes als sichtbare Wolkentröpfchen sind, war zu dieser Zeit natürlich längst bekannt. Howard aber führte eine wissenschaftliche Klassifikation ein, die den Wolken Namen wie Cirrus, Cumulus und Nimbus gab. Mit seinem Vortrag in London (ein Jahr später in einer Zeitschrift auch gedruckt) konnte er seine Zuhörer begeistern, da er ähnlich wie Carl von Linné im Pflanzenbereich den »Wassergebirgen« der Wolken eindeutige Plätze am Himmel zuwies.

Die Wolkentypen, die Howard fand, werden mit kleinen Veränderungen bis heute genutzt.

7.2.1 Wie entstehen Wolken überhaupt? – Der Wolkenbildungsprozess

Zum Verständnis des Wolkenbildungsprozesses müssen wir zunächst das Gegenteil erklären – die Verdunstung. Bei der Verdunstung werden Wassermoleküle aus dem flüssigen Verband herausgerissen, in den sie fest eingebunden sind. Dazu ist ein erheblicher Energieaufwand notwendig. Die Energie kommt aus der Luft, die sich dadurch abkühlt.

Bei der Wolkenbildung geschieht das Gegenteil. Steigt ein Luftpaket in der labilen Schichtung der Atmosphäre auf, dann erreicht es unter bestimmten Bedingungen eine Höhe, in der die Temperatur dieses Luftpakets (es kühlt um 1 Grad pro 100 Meter Höhe ab) so weit absinkt, dass es die mitgetragene Feuchtigkeit nicht mehr halten kann. Die relative Luftfeuchtigkeit steigt auf 100% und der Kondensationsprozess kann beginnen. Ein Großteil der gasförmigen Wassermoleküle wechselt in den flüssigen Zustand. Nun könnten sich durch Zufall Wolkentröpfchen bilden. Modellberechnungen haben aber gezeigt, dass es unter diesen Umständen ohne Hilfe von außen nicht zur Wolkenbildung kommt. Um eine zufällige Ansammlung von Wolkentröpfchen zu erzeugen, müssten in der Atmosphäre extreme Bedingungen mit relativen Luftfeuchtigkeiten von über 100% herrschen.

Die aber gibt es in unserer Wetterschicht nicht. Hier werden höchstens 100–101% Luftfeuchtigkeit gemessen.

Die Hilfe von außen liegt in der Luft. Zahlreiche Partikel schweben selbst in großen Höhen mit (der Wind wirbelt sie auf und transportiert sie bei günstigen Bedingungen Hunderte von Kilometern in der Wetterschicht auf und ab). Diese Partikel müssen eine zentrale Eigenschaft haben: Sie müssen schon bei niedrigen Feuchtigkeiten (unter 100%) eine Kondensation, also den Übergang des Wassers vom gasförmigen in den flüssigen Aggregatzustand ermöglichen. Die Partikel sind vielleicht die entscheidenden Wettermacher überhaupt. Sie sind nur 50–1000 nm groß und werden vereinfacht »Wolkenbildungs-« oder »Kondensationskerne« genannt. Hier beginnt der Übergang vom gasförmigen in den flüssigen Zustand schon bei 75–80% Luftfeuchtigkeit. Ab 95% Luftfeuchtigkeit, also noch vor der eigentlichen Sättigung, setzt meist ein stürmisches Wachstum der sichtbaren Wolkenteilchen ein. Aus einem unsichtbaren Kern wird ein sichtbares Wolkentröpfchen. Doch was sind diese Kondensationskerne genau? Es sind Salze und Säuren, die die Luft zum Kondensieren bringen, teilweise, wie z. B. Natriumchlorid, schon bei 75% Luftfeuchtigkeit. Es gibt aber auch Salze und Säuren, denen Feuchtigkeiten von 10–30% schon ausreichen.

Übrigens ist auch Nebel nichts anderes als eine Wolke, die auf dem Boden liegt. Hier hat sich Luft am Boden in der Nacht so weit abgekühlt, dass die Luftfeuchtigkeit kondensiert.

In großen Höhen können Wolken auch aus Eiskristallen bestehen. Bei der Bildung von Eiskristallen gibt es zwei Möglichkeiten. Entweder lagert sich der Wasserdampf direkt an schon vorhandenen Eiskristallen an oder Wassertröpfchen werden über Gefrierkernen direkt zu Eiskristallen. Dabei kommt diesen Gefrierkernen eine besondere Bedeutung zu, denn normalerweise können aus unterkühlten Wassertropfen erst ab −40 °C Eiskristalle werden. Gibt es einen Gefrierkern, geschieht dasselbe schon ab −10 °C. Große Mineralkristalle eigenen sich am besten für die Bildung von Eiskristallen. Silberjodidkristalle werden z. B. schon ab −5 Grad wirksam. Besonders in der Nähe der Erdoberfläche werden viele Teilchen aufgewirbelt, die als Gefrierkerne wirksam sein können. Liegen die Temperaturen dann auch noch un-

In den frühen Morgenstunden hat sich Bodennebel ausgebildet. Dieser legt sich in Schichten über den Boden und markiert die Kaltluftschicht direkt über der Erde.

ter −10 °C, setzt hier sehr rasch Eiskristallbildung ein. Bei Temperaturen oberhalb von −10 °C bestehen die meisten Wolken noch aus Wolkentröpfchen.

Wolken entstehen also durch Kondensation (Wolkentröpfchenbildung) oder Sublimation (Eiskristallbildung) von Wasserdampf an geeigneten Feststoffen in der Atmosphäre. Alle Prozesse, die eine Sättigung der Luft mit Wasserdampf zur Folge haben, führen zur Wolkenbildung,

7

darunter besonders die Abkühlung der Luft unter den sogenannten Tau-punkt, die Temperatur der Kondensation. Jeder kennt das von einem kühlen Glas Bier: Ist die Temperatur des Inhalts niedriger als der Tau-punkt, schlägt sich das Wasser am Glas nieder. Auch die Zunahme des Wasserdampfs durch Verdunstung kann zur Wolkenbildung führen. Zur Auflösung von Wolken führen die Mischung feuchter mit trockener Luft, die Erwärmung der Luft über den Taupunkt und die Ausfällung der Feuchtigkeit durch Niederschläge.

7.2.2 Wolkenbildung durch Zunahme des Wasserdampfs

Ist im Herbst oder Winter das Wasser eines Flusses oder eines Sees noch warm, dann bildet sich bei kalter Lufttemperatur rasch »Seerauch«. Die feuchte Wärme kondensiert zu Nebelschwaden über dem Gewässer.

In größerer Höhe entstehen Wolken durch die Zunahme des Was-serdampfs, wenn Niederschlag in kältere Schichten fällt. Liegt am Bo-den noch schwere Kaltluft und fällt Regen oder Schnee aus der hohen warmen Schicht in diese Kaltluftschicht, dann wächst die Wolke zu Boden.

7.2.3 Wolkenbildung durch Abkühlung
einer geschlossenen Luftschicht

Ein ganz wichtiger Weg zur Wolkenbildung ist die Abkühlung einer Luft-schicht. Am Boden entsteht dabei Nebel, in größeren Höhen können sich Schichtwolken bilden.

Wolken bilden sich in größeren Höhen auch über Dunstschichten, die aus Feuchtigkeit und vielen Partikeln bestehen. Denn Dunstschichten geben (besonders nachts) viel Wärme in den Weltraum ab, sodass ober-halb dieser Schichten die Feuchtigkeit kondensiert. In großer Höhe kön-nen sich so auch Eiskristalle entstehen, aus sich wiederum Schichtwol-ken bilden.

7.2.4 Wolkenbildung durch Vertikalbewegungen

Der bei Weitem wichtigsten Art der Wolkenbildung liegen Veränderungen in den Luftschichtungen zugrunde. Steigen Luftpakete auf, kühlen sie ab und die ausfallende Feuchtigkeit kann zur Wolkenbildung führen.

Konvektionswolken wie die bekannten Schönwetterwolken bilden sich auf diese Weise. Einzelne Thermikblasen, also Luftpakete mit warmer Luft, lösen sich vom Boden und steigen auf. Erreichen sie eine Höhe, in der die Feuchtigkeit 95% überschreitet, bilden sich rasch die weißen Wattebäusche. Dieser Prozess kann soweit führen, dass sich Gewitter- oder Schauerwolken mit einer Höhe bis zu 13 km bilden.

Cumuluswolken in der Entwicklung.

»Wolkenfetzen« an einem Berg.

Aufgleitwolken entstehen weniger rasant als Konvektionswolken. Meist steigt eine Luftmasse über einen Zugweg von Hunderten von Kilometern Zentimeter um Zentimeter pro Sekunde auf. Dadurch bilden sich lange ausgestreckte Wolkenfelder in größeren Höhen.

Stauwolken entstehen durch Hindernisse, die sich der Luftströmung in den Weg stellen. Bei uns sind es die Alpen, aber auch die zahlreichen Mittelgebirge. Bei der Anströmung dieser Berge wird die Luft zum Aufsteigen gezwungen, was Wolkenbildung und Niederschlag bedeuten kann. Auf der strömungsabwandten Seite der Höhenzüge (im Lee) geschieht dann das Gegenteil. Die Luft fällt z. B. an der Südseite der Alpen zur Poebene ab und die Wolken lösen sich wieder auf. Auf diese Weise können sich auch wellenartige Wolken bilden, die an den Bergen hängen, an denen die Luft aufsteigt.

Neben den »natürlichen« Wolken gibt es auch künstliche Wolken. Die bekanntesten sind die Kondensationsstreifen, die hochfliegende Flug-

Stauwolken.

zeuge wie Kreidestriche an den Himmel zeichnen. Sie entstehen durch
das Verbrennen des Kerosins. Diese Abgase, die auch Feuchtigkeit
enthalten, bilden durch die starke Abkühlung und die Verbrennungs-
partikel, die mit ausgestoßen werden, sofort beim Austritt aus dem
Triebwerk einen Eisschirm. Ist die Temperatur niedrig genug (unter
−40 Grad) und die Feuchtigkeit hoch genug, können diese Wolken lange Bestand haben.

Über mehrere Stunden, in Extremfällen auch über einen ganzen Tag,
können sie mit dem Wind verweht werden. Es gibt inzwischen so viele
davon, dass sie in Verdacht geraten sind, das Klima zu verändern.

Sehr häufig sind auch Wolken über Kühltürmen zu sehen. Die Un-
mengen an Wasserdampf führen bei entsprechenden Wetterlagen zu
Wolkenstraßen, die vom Kraftwerk wegziehen. Bei Nebel kann dieser
Wasserdampf zu Sprühregen oder sogar zu Glätte führen. Zum Beispiel

Wolken eines Kraftwerks.

sind im Kölner Raum häufig viele Wasserdampfwolken der Kraftwerke bei Bergheim zu sehen.

Brandwolken und Wolken bei Vulkanausbrüchen schleudern Gesteinsmaterial, einen Gascocktail und Feuchtigkeit bis in große Höhen. Dadurch kann es bei großen Ausbrüchen sogar zu Gewitterbildung über dem Vulkan kommen. Vulkanausbrüche können, wenn genügend vulkanisches Material in die Stratosphäre gelangt, sogar das Klima der Erde beeinflussen.

7.2.5 Wolken in der Stratosphäre und in der Mesosphäre

Selten sind Wolken in der Strato- und Mesosphäre zu sehen.

Die sogenannten *Perlmuttwolken* treten häufig in Norwegen und Schweden bei −80 Grad Celsius in großen Höhen, außerhalb der Wetterschicht auf. Die Wellenluftströmung über dem Bergland könnte zur Bildung dieser hohen Wolken führen.

Leuchtende *Nachtwolken* findet man ebenfalls sehr selten in den Polarregionen bei Temperaturen um −100 Grad Celsius in großen Höhen. Sehr wenig Feuchtigkeit reicht aus, um hier Eiskristalle zu bilden.

7.3 Wolkenklassifikation und Wolkenarten

7.3.1 Tiefe, mittelhohe und hohe Wolken

Die Wolkenklassifikation beruht auch heute noch auf den Erkenntnissen des Briten Luke Howard. Das Chaos am Himmel in ein Schema zu bringen war in der Tat eine beachtliche Leistung und die lateinische Klassifikation von Howard konnte sich durchsetzen. Zu etwa der gleichen Zeit entwickelte übrigens auch der französische Zoologieprofessor Jean-Baptiste de Lamarck (1744–1829) eine ähnliche Klassifikation, allerdings mit französischen Begriffen. Sie geriet im Laufe der Zeit in Vergessenheit und spielt heute keine Rolle mehr, obwohl sie fachlich besser war.

Die hohen Wolken: Sie liegen im obersten Stockwerk zwischen 6 und 9 km Höhe und heißen Cirrus, Cirrocumulus und Cirrostratus.

Die mittelhohen Wolken: Die mittleren Wolkenschichten liegen zwischen 3 und 6 km Höhe und heißen Altocumulus und Altostratus.

Die tiefen Wolken: Im tiefen Stockwerk gibt es Stratocumulus, Cumulus und Stratus.

Über alle Stockwerke hinweg erstrecken sich Cumulonimbus und Nimbostratus. Besonders Cumulonimbus kann (in den Tropen) bis zu 15 km hoch werden.

Ergänzend zu dieser grundsätzlichen Klassifikation nach ihrer Verteilung in den einzelnen Stockwerken gibt es nun Unterbegriffe, die das Aussehen der Wolken kennzeichnen.

Bei den hohen Wolken gibt es folgende Unterarten: Ein Cirruswolke kann hakenförmig (uncinus), feinflockig (fibratus), strahlenförmig (radiatus), grobflockig (spissatus) oder wie eine hohe Schäfchen-

Eine sich bildende Gewitterwolke (»Cumulonimbus«, Abk.: Cb).

wolke (floccus) aussehen. Bei den Cirrocumuluswolken gibt es die Typen wellenförmig (undulatus) oder wabenförmig (lacunosus). Der Cirrostratus kann nebelartig aussehen, sodass er den Beinamen (nebulosus) bekommt.

Die mittelhohen Wolken kennen folgende Bezeichnungen: Eine Altocumuluswolke kann lenticularis heißen, wenn sie linsenförmig ist, castellanus, wenn sie den Wachtürmchen einer Burg ähnelt, oder floccus, wenn sie wie eine Schäfchenwolke aussieht. Sind die Wolken lichtdurchlässig, bekommen sie den Beinamen translucidus, wenn sie das Sonnenlicht absorbieren, heißen sie opacus. Die Altostratusschichtwolke kann zweischichtig auftreten und bekommt dann den Namen duplicatus. Zudem können Altostratuswolken auch strahlenförmig sein (radiatus).

Die tiefen Wolken kennen ebenfalls zahlreiche Differenzierungen: Stratocumuluswolken können ebenfalls wie Türme aussehen und bekommen dann den Zusatz castellanus. Es gibt auch linsenförmige Stratocumuluswolken mit dem Namen lenticularis, die aber selten zu sehen sind. Lösen sich die Stratocumulus abends auf, bekommen sie den Namen vesperalis. Cumuluswolken können klein sein und heißen dann humulis. Mittelhohe Cumuluswolken erhalten den Zusatz mediocris und ganz hohe Cumuluswolken den Beinamen congestus. Der Stratus kann hochnebelartig (nebulosus) oder vom Wind zerfetzt sein (fractus).

Große Gewitterwolken wie Cumulonimbus können in großen Höhen einen Amboss besitzen. Dieser strahlt sehr hell, da er aus Eiskristallen besteht und bekommt den Zusatz incus (ambossförmig).

Bei allen Wolken können Fallstreifen durch ausfallende Niederschläge (die bei hohen Wolken meist am Boden gar nicht ankommen, sondern vorher verdunsten) erkennbar sein, die dann den Zusatz virga erhalten.

Während tiefen Wolken in unseren Breiten hauptsächlich aus Wassertröpfchen bestehen (sie liegen unterhalb von 2–3 km Höhe), sind die mittelhohen Wolken Mischwolken. Je nach Jahreszeit sinken die Temperaturen ab 4–5 km Höhe unter –20 bis –30 °C, sodass hier vermehrt Eiskristalle auftreten. Hohe Wolken bestehen selbst im Sommer ab 6 km Höhe nur aus Eis. Bei Werten unter –30 °C gibt es nur noch wenige unterkühlte Wassertröpfchen.

Jede Wolkengattung samt ihrer Unterart sagt etwas über den Zustand der Atmosphäre aus. Mit einer genauen Wolkenbeobachtung und dem Verständnis der physikalischen Prozesse, die zur Bildung dieser Wolken führen, lässt sich der Himmel lesen und eine eigene Vorhersage ohne weitere Hilfsmittel erstellen.

7.3.2 Nebel

Nebel tritt in Mitteleuropa während des ganzen Jahres auf, bevorzugt aber in den »dunkleren« Jahreszeiten von September bis März. Im September und Oktober gibt es sogar an jedem dritten Tag Nebel! Aber auch

Nebel im Wald.

im Sommer kann Nebel auftreten, allerdings ist der Sommernebel nur von kurzer Dauer, da die kräftige Sonneneinstrahlung ihn tagsüber rasch aufgelöst.

Nebel ist grundsätzlich nichts anderes als eine am Boden aufliegende Wolke. Nebel entsteht also auch auf die gleiche Weise wie Wolken.

Stellen wir uns eine wolkenlose Nacht vor. Die Lufttemperatur lag am Nachmittag bei 10 °C und sinkt durch Wärmeverlust an der Erdoberfläche langsam ab. Die Luft war schon da recht feucht und enthielt über 6 Gramm Feuchtigkeit pro Kilogramm Luft. Die relative Luftfeuchtigkeit betrug ca. 80%. Bei einer Temperatur von etwa 7 °C steigt die relative Luftfeuchtigkeit auf 100%. Die Luft enthält nun so viel Feuchtigkeit, wie sie bei dieser Temperatur maximal halten kann. Bei weiterem Absinken der Temperatur setzt Kondensation ein.

Die gasförmig in der Luft vorhandene Feuchtigkeit bildet kleine, für das menschliche Auge gerade noch erkennbare Wassertröpfchen. Diese vielen kleinen Wassertröpfchen können die Sichtweite so weit behindern, dass wir von Nebel sprechen. Meteorologen sprechen bei einer Sichtweite unter einem Kilometer von Nebel. Bei Sichtweiten zwischen einem und acht Kilometern spricht man von feuchtem Dunst.

Im Flachland tritt am häufigsten der sogenannte Strahlungsnebel auf. Gute Voraussetzungen für das Auftreten von Strahlungsnebel sind häufig klare Nächte mit wenig Wind und eine relativ hohe Luftfeuchtigkeit.

Wie oben erwähnt kühlt sich der Erdboden in der Nacht durch Energieverlust (Wärmeausstrahlung – daher der Name Strahlungsnebel) in den Weltraum rasch ab.

Diese Form von Nebel tritt das ganze Jahr über auf. Nur in den höheren Mittelgebirgen, besonders auf Kuppen und in den Alpen oberhalb von 1500 Metern, ist diese Nebelart nie zu finden. Im Sommer hält Strahlungsnebel nur wenige Stunden, im Winter und Spätherbst kann er auch mehrere Tage andauern, wenn er so hoch und dicht ist, dass die Sonneneinstrahlung ihn nicht auflösen kann.

Die zweite Form des Nebels ist der Advektionsnebel (Advektion – Luft wird herangeführt). Dieser entsteht, wenn warme Luft über den kalten Boden streicht. Die warme Luft kühlt sich ab und es bildet sich meist dichter und hoher Nebel. Die Nebelschicht kann bis zu 1000 m dick werden.

Im Frühjahr können an Nord- und Ostsee, die dann noch sehr kalt sind, sehr häufig Advektionsnebel beobachtet werden. Fließt warme Luft vom Festland über das Meer, bildet sich sofort Nebel, da das Wasser die Luft spontan abkühlt und die Luftfeuchtigkeit kondensiert. Dieser Nebel ist sehr zäh und hält sich über Tage, wenn er nicht von einer Wetterfront weggeräumt wird.

Eine häufige Nebelart ist auch der Wolkennebel. Er entsteht, wenn tiefliegende Wolken bis zum Boden »herunterwachsen«. Besonders bei Warmluftzufuhr an der Vorderseite von Tiefdruckgebieten sinkt die Wolkenuntergrenze auf unter 200 m über der Erdoberfläche ab und kann bis zum Boden reichen. Die Mittelgebirge sind dann manchmal tagelang von Wolken verhängt. Oberhalb von 300–400 m ist diese Ne-

Warme Luft gleitet über Schnee und bildet Nebel.

belart die häufigste in Deutschland. Sie tritt während des ganzen Jahres auf.

Tückisch für den Verkehr ist besonders der Strahlungsnebel, denn er tritt lokal und extrem überraschend auf. Alle anderen Nebelarten betreffen meist ein größeres Gebiet, sodass sich der Autofahrer auf die schlechte Sicht gut einstellen kann. Beim Strahlungsnebel ist das oft kaum möglich, er entsteht zum Beispiel in Senken und bleibt auf kleine Gebiete begrenzt. Auf Autobahnen ist dies u. U. sehr gefährlich. Auf der Autobahn Köln-Aachen wurde vor etwa 20 Jahren nach einigen schweren Unfällen eine Verkehrsbeeinflussungsanlage aufgebaut, die an gefährlichen Streckenabschnitten vor Nebel warnt und die erlaubte Geschwindigkeit heruntersetzt. Seit es diese Warnanlage gibt, kam es zu keinen Massenkarambolagen mehr.

7.4 Wolken in Bildern

Wolken

Man unterscheidet in der Meteorologie drei Wolkenfamilien. Hohe, mittelhohe und tiefe Wolken. Manche übergreifen alle drei Stockwerke. Die Wolkenhöhe variiert im Jahresverlauf. Im Sommer sind die Wolken im Allgemeinen höher, im Winter niedriger und zu den Tropen hin nimmt die Wolkenhöhe ebenfalls etwas zu. Den Klassifikationen Howards folgend unterscheidet man die Wolken nach Aussehen in Höhe und in Form.

Haufenwolken

Die Schönwetter- oder Haufenwolken sind wahrscheinlich die bekanntesten Wolken. Sie verzieren den blauen Himmel. Wachsen sie jedoch in die Höhe, können aus ihnen Schauerwolken werden.

Durch aufsteigende Luft am Rand der Schauerwolke kam es auch darüber zu Kondensation und Wolkenbildung. Genaue Wolkenbezeichnung: Cumulonimbus calvus velum

Federwolken

Die feinen Eiskristalle der Cirrostratus-Wolkenschicht in großer Höhe brechen das Licht zum Beobachter in einem Winkel von 22°. Deshalb erscheint der Halo rund um die Sonne so deutlich. Seltener ist der große

Wolkenschichten haben sich über eine Schauerwolke gelegt.

Haloerscheinung.

Haloring um die Sonne zu sehen, der durch eine Brechung im Winkel von 46° des Sonnenlichts erscheint. Der Halo ist ein ziemlich sicheres Zeichen für Regen in den nächsten 12 bis 48 Stunden. Nach meinen Aufzeichnungen tritt in mehr als 9 von 10 Fällen Regen in diesem Zeitraum auf. Häufig sind deutliche Haloerscheinungen mit starker Wetterverschlechterung verbunden.

Schäfchenwolken

Eine Bank von Schäfchenwolken zieht am Himmel vorüber. Sie zeigt an, dass die Luftfeuchtigkeit in der Höhe groß ist. Sie sind meist ein Schlechtwetterzeichen, wenn sie von Westen aufziehen.

Kondensstreifen

Während die Wasserdampfschwaden von Kraftwerken nur kurz zu sehen sind, insbesondere in trockener Luft, halten sich Kondensstreifen in feuchter Luft manchmal für Stunden. Bei starken Höhenwinden können sie weit verweht werden. Sogar Verschwörungstheorien ranken sich um Kondensstreifen.

Diese Aufnahme entstand bei starkem Höhenwind. Ein Tiefdruckgebiet näherte sich mit feuchter Luft und entsprechend lange konnten sich die Kondensstreifen halten. Der Wind verzerrte die Kondensstreifen in Breite und Länge. Durch das Auf und Ab der Strömung in 7–9 km Höhe bilden sich eigenständige Wolkenballen. Ein sicheres Zeichen für erhebliche Turbulenz in großen Höhen und damit ein Zeichen für Wetterverschlechterung.

7

Distrail – Auflösung einer Wolke durch ein Flugzeug

Flugzeuge können auch Wolken auflösen, wie auf diesem Foto. Durch die Turbulenzen des Flugzeugs werden zwei unterschiedlich trockene, häufig auch unterschiedlich warme Luftmassen vermischt. Die trockene Luft in der Höhe gelangt in die feuchte Luftmasse und lässt die Wolke an der Stelle verschwinden. Die Flugstrecke wird sichtbar. Im Englischen hat sich der Name distrail dafür eingebürgert.

Aufnahme einer Cirruswolke. Diese in 8 km Höhe entlangziehende Eis-wolke besteht aus vielen kleinen Eiskristallen. Meist ist sie nur wenige hundert Meter hoch und wenige tausend Meter lang. Aus dem Flugzeug erkennt man die Wolke kaum, sondern sieht manchmal nur wenige tanzende Eiskristalle.

Wasserdampfschwaden aus Kraftwerken zur Energieerzeugung.

Eine Schäfchenwolkendecke löst sich auf.

Ein Schauer zieht auf. In wenigen Minuten werden die dunklen Regen-wolken den Fotografen einholen.

7

Aufsteigende Cumuluswolken über einem Gebirge. Die Sonne erwärmt die sonnenzugewandten Teile der Berge und lässt diese Haufenwolken entstehen. Sie wachsen so schnell, dass man mit dem Auge zuschauen kann. Später werden sich daraus mächtige Schauerwolken entwickeln.

Altocumulus lenticularis duplicatus. Manchmal halten Menschen diese Wolken unter ungünstigen Lichtbedingungen für feindliche Raumschiffe, dabei handelt es sich lediglich um sichtbare Luftwellen, häufig ausgelöst durch Berge und Täler. Besonders bekannt sind diese Wolken als Föhnwolken in den Alpen. Die Besonderheit hier ist, dass zwei Wolken übereinander schwimmen.

7

Altocumulus castellanus. Wie kleine Türmchen recken sich diese Altocumulus-castellanus-Wolken in den Himmel. In recht großer Höhe zeigen sich einzelne Quellwolken auf einer langen Wolkenbank. Sie sind ein ziemlich sicheres Zeichen für Instabilität in der Atmosphäre. Schauer und Gewitter können später folgen. Stehen sie morgens am Himmel bringen sie in 9 von 10 Fällen Gewitter und zu fast 98% zumindest Schauer oder Regen. Im Vormittagsverlauf verschwinden die Wolken in der Regel und es ist zunächst sonnig, bevor sich große Gewitterwolken bilden.

Ein wunderschönes Bild einer Gewitterwolke (Cumulonimbus capillatus), aufgenommen aus einem Flugzeug in recht großer Höhe.

7

Eine Aufnahme, ebenfalls aus dem Flugzeug, die die Entwicklung zu einer Gewitterwolke demonstriert. Heiße Luft voller Wasserdampf strebt nach oben und baut die Gewitterwolke auf.

Eine sich bildende Gewitterwolke im Abendlicht. Der Schattenwurf wirkt bedrohlich.

Eine große Haufenwolke mit Mütze (pileus), ebenfalls in großer Höhe aufgenommen.

Bodennebel. In sternenklaren Nächten bildet sich bei geringer Windgeschwindigkeit häufig flacher Bodennebel aus. Kurz nach Sonnenaufgang verschwindet der Nebel wieder.

7

Ein Regenbogen inmitten vieler Gewitterwolken im Mai aufgenommen.

Derselbe Regenbogen aus größerer Nähe.

7

7.5 Niederschläge, Schnee und Hagel

7.5.1 Die Bildung von Hydrometeoren

Es ist schon fast unglaublich, dass aus vielen kleinen Wassermolekülen rund um einen festen Kern ein Wolkentröpfchen werden kann. Und dann fallen aus diesen Wolken auch noch Niederschläge, wie wir an jedem zweiten Tag in Mitteleuropa feststellen können. Aus den Wolken fallen, wenn sie nicht vorher vertrocknen, Schnee, Regen, Sprühregen oder Mischung daraus den Boden.

Zwei Prozesse führen zur Niederschlagsbildung: Zum einen können Niederschläge aus sogenannten Wasserwolken fallen (damit sind alle Wolken gemeint, in denen hauptsächlich Wassertröpfchen vorkommen und deren Temperatur über −10 Grad liegt). Zum anderen entstehen Niederschläge aus Wolken mit Wasser und Eis, aber dazu gleich mehr. Im Falle der Wasserwolken verdichten sich sehr viele Wolkentröpfchen zu kleinen Wassertropfen. Diese Entwicklung wird Koaleszenz genannt, durch Kollision per Zufall oder durch entgegengesetzte Ladungen finden Tröpfchen zueinander. Um ein durchschnittliches Sprühregentröpfchen zu produzieren, müssen 20.000 Wolkentröpfchen kollidieren. Für einen Regentropfen müssen es dann schon 10–20 Millionen Zusammenstöße sein. Allerdings verdunsten diese Tröpfchen sehr schnell. Nach 200 m Wegstrecke aus der Wolke sind bei einer Luftfeuchtigkeit von 90% alle Tröpfchen, die kleiner als 0,05 mm sind, wieder verschwunden.

Daher kann aus kleinen Wasserwolken wie dem Stratus (Nebel oder Hochnebelwolken) nur geringer Sprühregen entstehen. Sie sind sehr dünn und die Kollisionswahrscheinlichkeit der Tröpfchen in der Wolke ist gering. Je größer und dichter die Wolke und je näher sie an den Boden heranreicht, desto wahrscheinlicher ist ein Sprühregen aus Nebelwolken.

In Cumuluswolken können sich ähnliche Prozesse abspielen wie in Nebelwolken. Allerdings besteht hier die Chance, dass schneller auch großtropfiger Regen fällt, da durch Auf- und Abwinde in Haufenwolken die Wolkentröpfchen größere Kollisionswahrscheinlichkeiten haben.

Stimmen Wassergehalt der Wolke und Verweilzeit in der Wolke, kann aus einem großen Cumulus schnell ein Schauer entstehen. Das geschieht besonders häufig an der Küste oder über dem Meer. Da dort weniger Wolkenkerne vorhanden sind, steht mehr Feuchtigkeit pro Wolkenkern zur Verfügung und die Tropfen werden größer. Schauer am Meer bei hohen Temperaturen sind wesentlich häufiger und stärker als auf dem Land.

Sind die Aufwinde so stark, dass die Tröpfchen auf einen Durchmesser von über 2,5 mm anwachsen, zerplatzen sie in viele kleine Regentröpfchen. Mit einer Geschwindigkeit von maximal 9 m pro Sekunde treffen sie auf den Erdboden.

Gäbe es keine anderen Prozesse, die zu Regen führen, würde es in hohen und mittleren Breiten allerdings kaum regnen. Nördlich des 40. Breitengrades jedoch wachsen die meisten Wolken in Höhen hinaus, in der nicht nur Wassertropfen vorkommen, sondern auch Eiskristalle. Gibt es in einer Wolke sowohl Eiskristalle als auch Tröpfchen, so haben die Eiskristalle einen Vorteil. Sie ziehen die Wolkentröpfchen an und wachsen auf Kosten der Wolkentröpfchen weiter. An den Ecken und Kanten der Eiskristalle lagern sich die Wolkentröpfchen an und werden größer. Es bilden sich nach außen wachsende Äste und Zweige. Diese Schneesternchen werden größer und schwerer und beginnen schließlich zu fallen. Sie können einen Durchmesser von 3–4 mm erreichen und fallen mit einer Geschwindigkeit zwischen 0,3 und 0,9 Metern pro Sekunde zu Boden.

Aus mittelhohen und sehr hohen Wolken wie Altocumulus oder Cirrus fallen ebenfalls Eiskristalle. Manchmal kann man dies vom Boden aus als Fallstreifen unter diesen Wolken beobachten, noch besser zu sehen natürlich von einem Flugzeug aus. Die Schneekristalle kommen aber wegen des langen Weges von 6–8 km nicht am Boden an, sondern verdunsten.

Nur bei sehr tiefen Temperaturen gelangen die Schneesternchen in ihrer Ursprungsform zum Boden. Meist verkleben sie bei Werten um oder knapp unter 0 °C mit Feuchtigkeitströpfchen, formen sich neu und bilden die beliebten Schneeflocken. Die größten Flocken fallen erst bei

Werten um +2 bis +3 °C am Boden. Dann können sie ein Größe von 4–6 cm erreichen. Besonders in Schneeschauern sind manchmal beeindruckende Flockengrößen zu bewundern. Innerhalb weniger Minuten geben sie einer Landschaft das Aussehen tiefsten Winters. Der beliebte Pulverschnee fällt bei sehr kalten Temperaturen. Herrscht an der Wolkenbasis eine Temperatur von unter −15 °C, kann sich keine große Schneeflocke mehr bilden. Es sind zu wenige Wolkentröpfchen da, die zu einer Verkettung der Eisnadeln führen könnten. Herrscht bis zum Boden leichter Frost, fallen die Flocken unverändert und gehen auf dem Boden als Pulverschnee nieder. Meist fällt dieser Pulverschnee aus Schichtwolken mit einem Aufwind, der nur wenige Zentimeter pro Sekunde beträgt. Häufig kann man beobachten, dass Nassschnee auch bei Temperaturen weit über 0 Grad am Boden fällt. Dieser bleibt dann zwar meistens nicht liegen, trotzdem halten die Schneeflocken bis zu Boden

Feuchtigkeitsschwaden über einer Schneedecke. Warme Luft gleitet über den Schnee und kühlt die Luft ab. Es bildet sich wasserdampfgesättigte Luft.

durch. Bei einer Null-Grad-Grenze von 300 m über dem Grund fällt meist Schnee, liegt sie 500 m über dem Grund, fällt meist nur noch Schneeregen, da ein Teil der Schneeflocken beim Fallen zu Wasser taut. Bei höheren Null-Grad-Grenzen fällt dann nur noch Regen, der aus Schichtwolken meist sehr gleichmäßig herabfällt.

Am Boden liegender Schnee kann dann bei entsprechendem Wind verwehen. Von einem »Schneefegen« redet man, wenn der Schnee unter Augenhöhe des Beobachters verweht. Beim »Schneetreiben« sind die Verwehungen so stark, dass der Himmel kaum zu erkennen ist und die Sichtweite unter einen Kilometer zurückgeht. Größere Schneeverwehungen sind bei so einem Wetter die Folge.

Neben Regen und Schnee gibt es natürlich noch weitere Niederschlagsarten. Recht häufig, etwa zwei bis drei mal pro Jahr, kommt es besonders im Winterhalbjahr (bei nasskalten Wetterlagen) zu Graupelschauern. Graupelkörner entstehen, wenn unterkühlte Wassertropfen bei leichten Minuswerten mit Schneekristallen kollidieren. Unter diesen Bedingungen frieren die Tröpfchen nur langsam an, weil durch den Gefrierprozess des Wassers Wärme freigesetzt wird. So entsteht Frostvergraupelung, da sich um das Schneekristall und den gefrorenen Tropfen durch die Gefrierwärme für kurze Zeit ein flüssige Schicht bildet, die erst später zufriert. Diese Schicht ist dann auf den Graupeln als klare durchsichtige Haut zu erkennen.

Bei kälteren Temperaturen reicht die Gefrierwärme nicht mehr aus, um eine flüssige Außenhaut zu bilden, sodass der Wassertropfen sofort gefriert. Dies ist daran zu erkennen, dass die Haut um ein Graupelkorn nicht mehr durchsichtig ist, sondern milchig verschwommen.

Meist fallen aus Schauerwolken nur Regen, bei winterlichen Temperaturen nur Graupel und Schnee-, Schneeregen oder Regenschauer. In Cumuluswolken bilden sich zunächst Schneesterne, die später als Schauer ausfallen. Wird der Aufwind stärker und die Wolken höher und größer, können Graupelkörner entstehen. Je mehr unterkühltes Wasser eine Wolke enthält, umso eher bilden sich größere Graupelkörner. Wird der Aufwind so stark, dass die Winde in 7–8 km Höhe gelangen, können sich Reifgraupelkörner bilden. In diesen Höhen herrschen –20 bis −30 °C. Mit den Aufwinden werden die Körner an die Spitze der Wolke transportiert, wo sie dann aber irgendwann zu schwer werden und in tiefere Schichten fallen. Mit der nächsten Thermikblase gelangen sie wieder nach oben. Auf die Weise wachsen die Graupelkörner immer weiter an – es bildet sich Hagel.

Diese schalenartig aufgebauten Eiskörner können die Größe von Tennisbällen erreichen oder sogar noch größer werden. Die Schäden bei einem Hagelunwetter können enorm sein – im Jahr 1984 in München gingen sie in die Milliarden!

7.5.2 Weiße Weihnacht und Co.

Wo sind nur die weißen Winter geblieben, von denen unsere Eltern und Großeltern immer erzählt haben? Waren sie vor einem halben Jahrhundert wirklich so viel härter und kälter? Oder kritisieren die Älteren das Wetter von heute nur deswegen, weil sie aus ihrer Kindheit nur die schönen Tage in Erinnerung haben?

Ein Blick in die Wetteraufzeichnungen hilft weiter:

Für eine Auswertung der Anzahl der Schneetage seit dem Zweiten Weltkrieg haben wir die Daten aus den Städten Berlin, Frankfurt, Hamburg, Köln, München und Stuttgart herangezogen. Als »Schneetag« gilt in diesem Fall ein Tag, an dem morgens um 7 Uhr eine Schneedecke von mindestens einem Zentimeter Höhe liegt.

Nur soviel vorweg: Die Anzahl der Schneetage hat über die Jahrzehnte tatsächlich abgenommen. Ein regelmäßiges Wetterereignis ist Schnee jedoch nicht – auch wenn wir in den vergangenen Jahren wieder etwas häufiger in den Genuss der weißen Pracht kommen durften (so bleibt besonders der Winter 2010/2011 in Erinnerung, der in vielen Teilen Deutschlands dicke Schneedecken, Verkehrschaos und Streusalzmangel hinterließ; selbst ansonsten »schneearme« Regionen waren betroffen).

In den süddeutschen Städten fällt generell mehr Schnee, da z. B. Stuttgart über 350 m über NN und München sogar über 500 m über NN liegt. In Hamburg ist Schnee nicht wirklich selbstverständlich – hier sanken die Schneetage von 21 auf 13 pro Jahr. Auch der schneereiche Süden musste zurückstecken – hier sank die Anzahl der Tage mit Schnee von 65 auf 40 Tage.

Im Schnitt gibt es also in deutschen Städten seit dem Zweiten Weltkrieg ein Drittel weniger Schneetage.

Die Winter werden wärmer und schneeärmer. Als Ursache wird meist der viel diskutierte Klimawandel genannt. Statistisch lässt sich leicht nachweisen, dass die Mitteltemperaturen in diesem und dem letzten Jahrhundert leicht angestiegen sind, nämlich weltweit um rund ein Grad Celsius. Der Treibhauseffekt dürfte die Hauptursache für diese Erwärmung sein.

Doch nur durch den Klimawandel lässt sich der Rückgang der Schneetage um über 30% nicht erklären. Der Zusammenhang ist weitaus komplexer und erfordert einen Blick auf das globale Wettergeschehen: Die Verteilung der Schneetage in den einzelnen Jahren weist mitunter große Schwankungen auf. So schneit es in Frankfurt in einem Jahr an nur 2 Tagen, in einem anderen wenige Jahre später an fast 80 Tagen. Verantwortlich dafür sind die unterschiedlichen Stärken des Westwindwetters. Je häufiger und stärker Tiefdruckgebiete von Westen her über Mitteleuropa hinwegziehen, desto milder verläuft der Winter in Deutschland. Der meteorologische Gegenspieler der Tiefs ist das russische Kältehoch. Dieses baut sich meist schon im Oktober über Russland auf und dehnt sich in den kalten Wintern bis zu den Britischen Inseln aus.

In den Nachkriegsjahren gab es sehr häufig harte, schneereiche Winter. Insbesondere der Winter 1963 brachte im ganzen Land zwischen 80 und 100 Schneetage. Seitdem jedoch nahm die Anzahl der Schneetage in allen Städten deutlich ab, die Mitteltemperatur in Mitteleuropa stieg an. Stabilität und Größe der Hochdruckgebiete über dem europäischen Kontinent nimmt seit dem Zweiten Weltkrieg stetig ab und die Atlantiktiefs können leichter warme Atlantikluft nach Mitteleuropa transportieren. Diese Veränderung des Gleichgewichts zwischen Hoch und Tief kann durch den Treibhauseffekt bedingt sein. Nach Meinung der meisten Klimaforscher ist in den nächsten Jahren und Jahrzehnten mit einer weiteren Erwärmung zu rechnen. Werden die Atlantikwinde jedoch schwächer, dann wird es in den kommenden Jahren und Jahrzehnten wieder häufiger weiße Weihnachten geben.

7.5.3 Tau und Reif

Andere Formen des Niederschlags sind Tau und Reif. Im Unterschied zum Regen setzen sie sich aus der Luft direkt auf den Oberflächen ab.

Tau und Reif bilden sich durch Abkühlung in der Nacht. Der Boden verliert Energie und kühlt ab. An den Stellen, an denen die Abkühlung so stark ist, dass die Temperatur unter den Taupunkt der Luft sinkt, also die Temperatur, die zur Kondensation des Wassers aus der Luft führt, bildet sich bei Werten über Null Tau und bei Werten unter dem Gefrierpunkt Reif.

Sobald nachts ein Teil des Sternenhimmels zu sehen und der Wind nicht zu stark ist (und sei es nur für eine halbe Stunde), bildet sich über der Vegetation oder auf glatten Flächen ein kleiner Taufilm.

Reif und überfrierender Tau sind die häufigste Glätteerscheinung. Nach eigenen Untersuchungen ist besonders in milden Wintern mit wenig Schnee häufig mit Glätte durch Reif und Tau zu rechnen, während in kalten Wintern Schnee und Eisregen häufig größere Probleme schaffen. Während in den Niederungen Schnee und Eisregen meist erst Ende November bis Mitte März auftreten, kann Reif in Einzelfällen schon Ende Oktober bis in den April hinein für glatte Straßen sorgen.

Bei der Bildung von Tau und Reif müssen ähnliche Bedingungen bestehen wie bei der Bildung von Strahlungsnebel. Wenig Wind und geringe Bewölkung sind im Winterhalbjahr optimale Voraussetzungen. Die Erdoberfläche kühlt ab, besonders die oberste Bodenschicht sehr rasch. Herrscht eine hohe Luftfeuchtigkeit, dann kann auf der Oberfläche sehr schnell Kondensation einsetzen und erste Tautröpfchen bilden sich. Tau fällt also nicht wie andere Niederschläge, sondern bildet sich direkt auf den Oberflächen durch den Übergang von Wasserdampf in flüssige Tropfen.

Reif in Bodennähe.

Je nach Stärke der Abkühlung der verschiedenen Oberflächen entsteht mehr oder weniger Tau. Auf Grasflächen, Auto- und Hausdächern können sich große Tau- und Reifmengen bilden, auch Brücken sind sehr anfällig. Bürgersteige und Straßen dagegen werden nicht so schnell von einer Reifdecke überzogen.

Der Grund für die Unterschiede liegt in den mikroklimatischen Eigenschaften der Oberflächen. Asphalt und Steinplatten speichern die Wärme tagsüber und geben sie abends und nachts nur langsam ab. Die Oberflächentemperaturen sind in den Nachtstunden deutlich höher als die

der Umgebung. Über Gras und anderer dünner Vegetation ist die Abkühlung am stärksten mit Temperaturdifferenzen bis zu 15 °C zur Lufttemperatur in zwei Metern Höhe. Nur in den kurzen Julinächten ist kaum
mit Tauentwicklung zu rechnen. Außerhalb dieser Sommertage gibt es
praktisch in jeder gering bewölkten Nacht Tau oder Reif. Die Jahresmengen sind im Vergleich zum Niederschlag jedoch gering.

Pro Jahr kommt es nach eigenen Beobachtungen in etwa 150 Nächten
zu deutlich sichtbarem Tau und in 40 Nächten zu Reif. Im Mittelgebirgsraum und im Voralpenland werden rasch bis zu 100 Reif-Nächte erreicht. In den Tälern Nordhessens, aber auch in den Tälern des Bayerischen Waldes sind es sogar noch mehr.

Nur in einem Drittel aller Nächte bildet sich keine sichtbare Feuchtigkeit am Boden. Grund dafür ist starker Wind, der eine Abkühlung am Boden nicht zulässt, oder häufiger noch eine geschlossene Wolkendecke.

Tau und Reif in Städten

Städte besitzen ein eigenes Stadtklima. Die Jahresdurchschnittstemperatur liegt um etwa 1 °C höher als im Umland. Besonders nachts ist es wärmer. Im Winter hat das zur Folge, dass rund 40% weniger Tage mit Reif
auftreten. Auch weniger Tage mit Tau sind über das Jahr zu beobachten.

7.6 Gewitter

Aristoteles vermutete, dass Blitz und Donner eines Gewitters durch den
Wind entstehen. Der Wind pralle gegen andere Wolken und würde so
das Donnern verursachen. Heute schmunzeln wir über diese Theorie,
noch aber sind längst nicht alle Geheimnisse des Gewitters gelüftet.

7.6.1 Die Entstehung von Gewittern und Gewitterarten

Man kann zwei Arten von Gewittern unterscheiden: Wärmegewitter
und Frontgewitter.

Wärmegewitter entstehen, wenn warme und feuchte Luft aufsteigt und große Quellwolken bildet. Manchmal werden die Wolken so groß, dass daraus riesige Blumenkohlwolken entstehen. In den Tropen und in mitteleuropäischen Sommern sind diese Wolken sehr häufig am Himmel zu sehen.

Frontgewitter bilden sich, wenn sich kalte Luft in der Höhe über warme Luft schiebt. Die Folge sind größte Umwälzungen, Schauer und Gewitterlinien, manchmal über Hunderte von Kilometern lang und mit sogenannten Superzellen als Minitiefdruckgebieten.

Gewitter können neben gefährlichen Blitzen auch extreme Starkregen von mehr als 100 l/m² in wenigen Minuten und Windböen von bis zu 200 km/h verursachen. Auch Tornados entstehen an diesen Gewitterzellen.

Auf der ganzen Erde gibt es über das Jahr verteilt eine recht konstante Anzahl von Gewittern. Im elektrischen Gleichgewicht unseres Planeten spielen Gewitter eine wichtige Rolle.

Gewitter entstehen nur in bestimmten Wettersituationen. Die Luftschichtung muss bis in große Höhen instabil sein. Das bedeutet, dass einzelne Thermikblasen bis in Höhen von 9–10 km oder noch höher gelangen. Um einen Blitz auszulösen, müssen die Temperaturen im Wolkengipfel unter −30 °C betragen. Somit liegt die Mindesthöhe für eine Gewitterwolke bei etwa 7–8 km. Und natürlich muss genügend Feuchtigkeit für den Aufbau der Wolke vorhanden sein.

Gewitter entstehen in Deutschland hauptsächlich im Sommer als Wärmegewitter am späten Nachmittag und am Abend. Die Luft heizt sich stark auf und bildet die Gewitterwolke. Bestimmte Landschaftsformen können die Bedingungen begünstigen, wenn die Luft durch ein Gebirge oder einen Hang zum Aufsteigen gezwungen wird.

Häufiger und im Gegensatz zum Wärmegewitter im Herbst und Winter anzutreffen sind die Frontgewitter. Sie decken oft große Gebiete von 20–100 km Länge ab. Noch heftiger sind die Liniengewitter, die nur in der wärmeren Jahreszeit auftreten. Vor einer Wetterfront und parallel zu dieser bauen sich dabei entlang einer Linie meist sehr heftige Gewitter auf, sie bilden dann Grenze zwischen sehr warmer und kalter Luft.

Eine Gewitterzelle durchläuft verschiedene Lebenszyklen. In ihrer »Kindheit« ist sie eine kleine Cumulus-Haufenwolke mit 2–8 km Durchmesser. Diese Zelle saugt Warmluft von außen ein. Der Aufwind in dieser Zelle beträgt bis zu 30 m pro Sekunde. Weitere Zellen lagern sich an die erste Cumuluswolke an und wachsen schneller in die Höhe – sie bilden Wolkenstraßen. Dieses Stadium erreichen die Wolken in nur 10–15 Minuten. Dabei werden allerdings Höhen von 5 km kaum überschritten, Niederschläge fallen aus diesen Wolken noch nicht. Erreicht die Zelle eine Höhe von 5–6 km, tritt sie von der »Jugend« in das »Erwachsenenalter« ein. Nun wächst sie auf 8–10 km Höhe an und baut einen prächtigen Eisschirm auf. Es bildet sich Niederschlag, der mit der Kaltluft in der Höhe zu Boden fällt und für starken Regen und Windböen sorgt. Über eine Stunde kann dieses Stadium andauern. Lässt der Aufwind durch die fehlende Energiezufuhr nach, fällt die Zelle im Stadium des Alterns in sich zusammen. Es gibt kaum noch Böen und der Regen fällt gleichmäßig, bis sich die Wolke ganz auflöst. Eine typische Gewitterzelle lebt also 1–3 Stunden, bevor sie zerfällt und bei entsprechenden Bedingungen durch neue ersetzt wird.

7.6.2 Blitz und Donner

In einer Wolke wirbeln Wassertropfen und Eiskristalle mit großer Geschwindigkeit umher und laden sich unterschiedlich elektrisch auf. Die positiv geladenen Teilchen steigen in höheren Schichten auf, die negativ geladenen sind schwerer und sinken an die Untergrenze der Wolke ab.

Zwischen den positiv und negativ geladenen Teilchen baut sich eine Spannung auf, die irgendwann so groß wird, dass ein Blitz entsteht. Im Labor allerdings muss die Spannung extrem groß sein, damit es zur Entladung kommt. Wie die Natur diesen Spannungsunterschied aufbaut, ist den Forschern bis heute ein Rätsel.

Auf jeden Quadratkilometer treffen in Deutschland im Durchschnitt ungefähr 2 Blitze pro Jahr. Es gibt Gewittergebiete, in denen die Blitzhäufigkeit deutlich höher ist, z. B. im Bergischen Land oder im Rhein-Main-Gebiet. Im Norden blitzt es tendenziell wesentlich seltener als im Süden.

Blitz und Donner entstehen natürlich nicht durch den Wind, sondern durch die besondere Verteilung der elektrischen Ladungen in einer Gewitterzelle.

Das elektrische Schönwetterfeld besteht aus einem zur Erde gerichteten elektrischen Feld. Die Erde ist als Ganzes negativ und die umgebende Lufthülle positiv geladen. Ständig fließt ein Strom von ca. 1.500 Ampere zur Erde. Würde es keinen Ladungsausgleich geben, würde das luftelektrische Feld der gesamten Erde binnen einer halben Stunde zusammenbrechen. Die zahlreichen Gewitter auf der Erde sind der Prozess, der das Feld aufrechterhält. In einem Gewitter fließt ständig ein Ampere aus der Wetterschicht vom Erdboden in die Stratosphäre. Da auf der Erde zu jeder Zeit etwa 1500 Gewitter gleichzeitig stattfinden, reicht das, um das Feld zu erhalten.

Für die eigentliche Blitzentladung jedoch sorgt die Ladungsverteilung innerhalb einer Gewitterwolke. Diese hängt mit den Transporten flüssiger und fester Niederschlagsbestandteile in der Gewitterwolke zusammen. Bei Temperaturen zwischen −5 und −25 °C findet eine Ladungstrennung von positiven und negativen Ladungen in einer Wolke statt. Unterkühlte flüssige und feste Niederschlagsteilchen laden sich in einer großen mächtigen Wolke mit erheblichen Aufwinden unterschiedlich auf.

Werden die Spannungsdifferenzen im Generator Gewitter zu groß, kommt es zu Entladungen oder »Kurzschlüssen«. Der Blitz baut sich von oben nach unten in Abschnitten auf. Die einzelnen Abschnitte überbrücken jeweils 20–50 Meter. Die Gesamtgeschwindigkeit beträgt 10^5 Meter in der Sekunde. Blitze treten zwischen der Gewitterwolke und der Erde und auch zwischen den Wolken auf. Auch oberhalb einer Gewitterwolke gibt es Entladungen, die bis in die Stratosphäre reichen. Dies ergaben Aufnahmen aus dem Weltraum und von hochfliegenden Jets. Die genaue Ursache und die Auswirkungen dieser Entladungen konnte bisher nicht erklärt werden.

Mammatuswolken eines Gewitters sorgen für ein eindrucksvolles Himmels-bild. Zumeist sind sie zu sehen, wenn das Wetter schon wieder besser wird.

Der Blitzkanal ist meist nur wenige Zentimeter dick, wobei sich die Luft im Kanal auf ca. 30.000 Grad Celsius aufheizt. Die Spitzentemperaturen können sogar noch weit höher liegen.

Der Donner entsteht durch die starke Erhitzung der Luft im Blitzkanal. Die Luft dehnt sich explosionsartig aus und sorgt so für eine Schallwelle. Echos von Wolken, der Erde und der Umgebung ergeben dann das das Donnerrollen und -grollen. Ist das Gewitter zu weit entfernt, sieht man in der Entfernung (manchmal über Hunderte von Kilometern) nur noch die Blitzentladungen, der Donner ist nicht mehr zu hören. Die Meteorologen nennen diese entfernten Gewitter »Wetterleuchten«.

> **»Blitzfakten«**
> – Die Geschwindigkeit beträgt 140.000 km pro Sekunde.
> – Ein Blitz besteht aus 30 Einzelblitzen, die zwischen der Wolke und dem Boden hin und her zucken.
> – Der Donner folgt dem Blitz je nach Entfernung des Blitzes.
> – Ein Blitz ist sehr heiß – heißer als die Sonnenoberfläche. Er heizt den Luftkanal auf über 30.000 °C auf.
> – Die Luft dehnt sich sehr stark aus und eine Druckwelle entsteht: das Krachen des Donners.
> – Da das Licht wesentlich schneller ist als der Schall (300.000 km/s vs. 330 m/s) trabt der Donner dem Blitz nur langsam hinterher. Durch den Laufzeitunterschied haben wir die Möglichkeit zu ermitteln, wie weit der Blitz von uns entfernt ist. Einfach die Sekunden zwischen Blitz und Donner zählen und mit 330 m multiplizieren.

7.7 Tornados und Tromben

Tornados und Tromben entstehen nur im Zusammenhang mit Gewitterwolken. Durch starke Aufwinde geraten Luftmassen in eine starke Rotationsbewegung, die im Inneren den Luftdruck stark absinken lässt. Dadurch kommt es zur Kondensation der Feuchtigkeit im rotierenden Bereich. Ein Schlauch wird sichtbar.

Diese Form des Unwetters tritt in Mitteleuropa nur sehr selten auf. Sie fordert in den USA jedes Jahr mehrere Todesopfer. Der Tornado ist ein sehr heftiger Wirbelwind, der wie ein Schlauch aus einer Gewitterwolke heraushängt: ein büschelartiges Gebilde aus Wassertröpfchen, Staub, Sand und anderen Gegenständen, die von der Erdoberfläche oder aus dem Wasser hochgerissen werden.

Der Tornadoschlauch wächst langsam aus der Wolke zum Boden.

Im Tornadorüssel selber fällt der Luftdruck um 100 hPa. Eine gewaltige Kraft beschleunigt die Luftteilchen nach innen. Die Windgeschwindigkeiten erreichen schnell bis zu 100–200 m/s. Zieht der Tor-

Der Wirbeltrichter des Tornados, der die Stadt Oklahoma zerstörte.

nado über ein Gebäude hinweg, fällt der Außendruck so schnell, dass das Haus förmlich explodiert, da der Innendruck nicht langsam ausgeglichen werden kann. Die Schneisen sind oft Kilometer lang (teilweise bis zu 300 km) und oft nur wenige hundert Meter breit. Ein Tornado ist bis zu 100 Stundenkilometer schnell und lebt meist nur wenige Minuten oder Stunden.

Ein Tornado braucht zunächst die gleichen Lebensbedingungen wie eine Gewitterwolke. Sobald der Aufwind in einer Gewitterwolke zu stark wird, muss am Fuß der Wolke die Luft sehr schnell nachströmen.

Je näher sie an das Aufwindzentrum gerät, desto stärker rotiert die Luft, ähnlich wie bei einem Badewannenwirbel. Die Zentrifugalkräfte schließen das Zentrum nach außen ab, sodass hauptsächlich von unten Luft nachfließen kann. Diese Kräfte sorgen außerdem für einen tieferen Druck im Kern des Tornados. Dadurch kondensiert das Wasser im Tornadoschlauch, sodass er sichtbar wird. An Kaltfronten und Gewitterlinien in den USA sind Tornados keine Seltenheit. Besonders im mittleren Westen sind sie im Frühjahr sehr häufig.

7.8 Die Sonnenscheindauer und der UV-Index

Wenn man an einem sonnigen Sommertag durch eine deutsche Einkaufsstraße geht, kann man es den Gesichtern förmlich ablesen: Die Sonne lässt bei den meisten Menschen die gute Laune steigen. Ist sie dagegen stundenlang hinter dichten Wolken verschwunden, schlägt das triste Licht vielen aufs Gemüt. Glücklicherweise haben wir laut Statistik in Deutschland an fast jedem Tag die Chance, die Sonne zu sehen. Allerdings kommt sie an rund 30 Tagen pro Jahr weniger als 1 Minute zum Vorschein. Vor ein paar Jahren gab es sogar Streit um den Titel des Sonnenkönigs in den Seebädern in Mecklenburg-Vorpommern. Am längsten scheint die Sonne hier mit über 1900 Stunden an der Ostseeküste unweit der Grenze zu Polen. Wolkiger geht es im Bergischen Land, in Teilen des Harzes und am Erzgebirgsrand zu. Hier zeigt sich die Sonne 400 Stunden weniger pro Jahr, das ist über 1 Stunde weniger pro Tag.

Über das Jahr gesehen sind in Mitteleuropa 4474 Sonnenstunden astronomisch möglich. Dabei ist zu beachten, dass diese Berechnung für eine ebene Fläche gilt, die nur geringe oder keine Horizonteinschränkungen durch Häuser, Gebirge etc. aufweist. An vielen Stellen, besonders in den Mittelgebirgen, liegt die astronomisch mögliche Sonnenscheindauer deutlich niedriger, da Berge die Sonne beim Auf- und Untergang verdecken. Im Schnitt dürften dennoch an vielen Orten in Deutschland 4000 astronomische Sonnenstunden möglich sein, außer

in den Innenstädten. Doch die Realität sieht anders aus: Durch die Bewölkung trifft nur ein kleiner Teil des rechnerisch möglichen Sonnen-
scheins auf den Boden. Die 10–12 km dicke Wetterschicht absorbiert
einen Großteil der Sonneneinstrahlung durch Wolken in der Atmosphäre.

In keinem einzigen Monat erreicht die Sonnenausbeute daher im
Westen Deutschlands mehr als 50% der astronomisch möglichen. Die
Wolken halten immer den größten Teil des Lichtes ab. Im Flachland
beträgt die Ausbeute aufs Jahr gesehen lediglich 33–45%. Nur an wenigen Orten (Seebäder, Schwäbische Alb, Allgäu) werden annähernd
50% erreicht. Besonders frustrierend ist das Bild im Winter. Da die astronomisch mögliche Sonnenscheindauer in diesem Zeitraum erheblich zurückgeht und zudem die Wolken im Winter überwiegen, erreicht nur ein Fünftel des möglichen Lichts zwischen November und
Februar in den Tälern den Boden. Im Dezember sinkt die Quote sogar
auf 15% ab. Diese Verteilung ist typisch für das Flachland in Deutschland. In Bad Salzuflen beispielsweise ist der Dezember mit weniger als
40 Sonnenstunden extrem trübe. Die Chance, davon 2–3 Sonnenstunden für einen Spaziergang zu ergattern, ist sehr gering. Verhältnismä-
ßig sonnig sind der deutsche Mai und Juni. Auch der September, als
Mai des Herbstes bekannt, ist meist sonnenreich. Die nördlichen Mittelgebirge Harz, Sauerland, Erzgebirge, Bergisches Land und Eifel sind
sehr sonnenarm. Besonders negativ fällt in diesem Zusammenhang
der Harz auf. Die von Westen anströmenden Wolken verfangen sich
an den Bergen und sorgen für trübe Tage. Mehr als etwa 1300–1400
Sonnenstunden pro Jahr sind auf dem Brocken, in Braunlage und
in Hahnenklee nicht zu erwarten. In der Eifel, im Erzgebirge und auf
dem Kahlen Asten im Sauerland beträgt die Sonnenscheindauer meist
knapp 1400–1500 Stunden. Wenig Sonne gibt es auch an der Grenze zu den Niederlanden, in Bocholt, Emmerich und entlang des Teuto-
burger Waldes. Hier werden ebenfalls nur knapp 1400 Sonnenstunden gemessen. An der Nordseeküste, im Rheingraben und an Mosel
und Saar beträgt die Sonnenscheindauer im Jahr meist um die 1600
Stunden.

UV-Index

Gewöhnen sie ihre Haut langsam an die Sonne, besonders im Frühjahr. Mittagsstunden sind generell zu meiden. Bei Freizeitaktivitäten im Freien ist immer leichte Kleidung zu tragen. Auch Sonnenbrillen mit UV-Schutz sind unbedingt empfehlenswert.

Sonnenschutzmittel reduzieren zwar das Risiko eines Sonnenbrands, verhindern allerdings nicht die beschleunigte Hautalterung. Insbesondere bei Kleinkindern ist auf umfassenden Sonnenschutz zu achten.

7.9 Wind

7.9.1 Allgemeines zum Wind

Als Christopher Kolumbus das erste Mal in den Genuss der Passatwinde kam, war er begeistert. Beständige Nordost-, Ostwinde trieben ihn bei herrlichstem Wetter seinem Ziel »Indien« näher. Auf der Heimreise musste er kreuzen und wurde so weit nach Norden getrieben, dass er in den Bereich der Westwinde geriet, die ihn, von einigen Stürmen begleitet, nach Europa zurückbrachten. Durch Kolumbus erfuhr die Welt zum ersten Mal von diesen beiden Windsystemen.

Die Naturgewalt Wind reicht von einem kaum spürbaren Luftzug bis zum vollen Orkan und zu unvorstellbaren Windgeschwindigkeiten in einem Tornadorüssel. Ursache jeder Bewegung der Luft ist ein Luftdruckgefälle, wie wir es bereits zu Beginn des Buches beschrieben haben. Die Luft bewegt sich in Richtung des Gefälles, sie versucht also verschiedene Drücke auszugleichen. Luftdruckunterschiede wiederum entstehen durch unterschiedliche Erwärmung der Erde. Nicht nur lokal erwärmen sich Land und Meer unterschiedlich, auch zwischen den Polargebiete und den Tropen bauen sich große Unterschiede auf. Ein wichtiger Faktor ist die Reibung der Luftströmung am Boden. Über dem Meer ist die Reibung sehr gering, daher sind auch in Wassernähe die Windgeschwindigkeiten höher. Über Land und in den Bergen nimmt die Windgeschwindigkeit am Boden deutlich ab.

Schirm einer Gewitterwolke. Die kalten und weißen Wolken streben über 10–12 km hoch hinaus.

Wind ist in den 1990er-Jahren durch das Stromeinspeisegesetz (1991) und durch das Erneuerbare-Energien-Gesetz (1999) für viele Unternehmen, die sich mit regenerativen Energiequellen befasst haben, zu einer wichtigen Umsatzgröße geworden. Studien halten es für möglich, dass der Wind weltweit 10–15% der Stromversorgung übernimmt. In Europa sind nach verschiedenen Studien bis 2025 sogar bis zu 25% Windkraftanteil an der Stromversorgung möglich. Tausende von Windparks werden seit Anfang der neunziger Jahre bundesweit errichtet. Seit einigen Jahren sogar auf offener See. Dabei ist die Nutzung des Windes keine moderne Idee; sie ist seit der industriellen Revolution mit der Erfindung der Dampfmaschine lediglich zunehmend in Vergessenheit geraten. Schon vor Jahrtausenden machten sich die Menschen die Kraft des Windes zunutze, woran antike Windparks im östlichen Mittelmeerraum erinnern. Sie waren bereits 1000 v. Christus in Betrieb und wurden zum Mahlen von Getreide benötigt.

Mit der Wiederentdeckung der Windenergie hat sich auch in Deutschland das Landschaftsbild deutlich verändert. Inzwischen ragen nicht nur Strommasten oder Antennen aus Wäldern und Hügelketten. In den achtziger Jahren stand an der Dithmarschener Küste Schleswig-Holsteins eine der größten Windkraftdemonstrationsanlagen. Die Größe des »Growian« mit einer Leistung von 3000 kWh und Anlagekosten von 8000 Euro pro installierter Kilowattstunde wurde bis 1988 in Europa nur von einer schwedischen Anlage erreicht. Die Flügel des »Growian« drehten in den 80er Jahren ziemlich einsam ihre Runden, wenn man von Cuxhaven aus bei guter Sicht auf die Küste Schleswig-Holsteins schaute. 1988 war die Küste dann für kurze Zeit wieder windradfrei, da die Anlage dem widrigen Wetter nicht standhalten konnte. Rund zwanzig Jahre später sind dort Hunderte von kleinen Windrädern zu sehen. Doch die Windparks beschränken sich nicht auf die Küste, sie sind bis weit ins Binnenland vorgedrungen. Dank der Subventionierung des grünen Stroms können Windparks auch an Standorten betrieben werden, an denen eigentlich zu häufig nur ein laues Lüftchen weht.

Der Föhn

Am bekanntesten sind die Föhneffekte in den Alpen. Warme und feuchte Mittelmeerluft schiebt sich gegen die Berge. Die Luft steigt über Italien auf und bildet große Regenwolken, klettert über den Alpenhauptkamm und fällt dann nach Norden hin in Österreich und Deutschland das Gebirge wieder herab, dabei lösen sich die Wolken auf. Da beim Aufsteigen der Luft viel Wärme frei wird, nimmt die Temperatur auf der Alpensüdseite mit der Höhe nur ca. 0,6 °C pro 100 m ab, auf der Alpennordseite dagegen, bei schönem trockenen, aber windigen Wetter um 1 °C pro 100 m zu. So kann es sein, dass es in Bozen in Norditalien bei 15 °C regnet, in München dagegen bei 20 °C bei Föhn die Sonne scheint. Typisch für Föhneffekte sind auch die sogenannten Föhnfische, Altocumuluswolken, die an den Bergen entstehen. Wellen in der Strömung verraten sich hier in den Wolken.

Föhn entsteht aber nicht nur an den Alpen, ab Höhenunterschieden von 200–300 m kann er prinzipiell an allen, auch an den Mittelgebirgen Einfluss auf das Wettergeschehen haben.

Häufig ist Föhn mit guter Sicht und viel Sonnenschein verbunden. Allerdings kann die Föhnwetterlage jederzeit zusammenbrechen, womit generell eine Wetterverschlechterung verbunden ist. Viele Menschen klagen über föhnbedingte Beschwerden.

7.9.2 Die Windgeschwindigkeit

Um Windgeschwindigkeiten vergleichen zu können, wird der Wind weltweit etwa 10 Meter über Grund gemessen. Die Windgeschwindigkeit nimmt mit der Höhe stark zu. Zwischen einem und 10 Metern über dem Boden erhöht sich die Windgeschwindigkeit über offenem flachen Gelände um 40%. Von 10 Metern bis zu einer Höhe von 100 Metern legt der Wind dann nochmals zu. Erst ab 200–300 m über dem Grund lässt der Einfluss des Bodens auf den Wind ganz nach. In den Alpen ist er in Höhen bis 6 km spürbar.

In Deutschland erreicht der Jahresmittelwind an der Nordfriesischen Küste bei Sylt und an den Halligen seinen Spitzenwert. Hier werden in 10 Metern Höhe im Mittel Windgeschwindigkeiten zwischen 7 und 8 m/s gemessen. Auf der Hallig Hooge liegt der Mittelwind bei 7,4 m/s, auf List bei Sylt je nach Zeitraum bei knapp unter 7 m/s. Auch auf der offenen Nordsee, bei Helgoland oder einzelnen Messstationen auf Bohrinseln, finden sich Werte, die zwischen 7 und 9 m/s schwanken.

Diese Werte stellen aber bei Weitem nicht die höchsten Werte in Deutschland dar, höhere Werte werden auf den Kuppen der nördlichen Mittelgebirge erreicht. So liegt der Mittelwind auf dem Brocken im Harz bei über 11 m/s. Auf den Kuppen von Erzgebirge, Sauerland oder den bayerischen Mittelgebirgen wird ein solcher Wert nicht erreicht. In der Eifel liegt der Mittelwert am Nürburgring (500 m über NN) nur bei 4 m/s. Auch der Feldberg im Schwarzwald ist mit 8 m/s nicht so zugig wie der Brocken. Nur im Erzgebirge werden in einigen

Klasssische Cirruswolken sind nichts anderes als »tanzende« Eiskristalle. Sie bilden unterschiedliche Muster, die durch wechselnde Winde erzeugt werden.

freien Kuppenlagen bis zu 10 m/s im Jahresdurchschnitt erreicht. Selbst die Zugspitze, die als Alpengipfel mit fast 3000 Metern fast doppelt so hoch ist wie der 1142 Meter hohen Brocken, erreicht diese Mittelwindgeschwindigkeiten nicht. Allerdings treten auf der Zugspitze stärkere Böen als auf dem Brocken auf. Dass er Deutschlands windigster Berg ist, kann man dem Brocken auch an seiner kahlen und »leergefegten« Kuppe ansehen. Der Wind nimmt von den Küsten hin zum Landesinneren ab. Während an der gesamten Nordseeküste 5–8 m/s im Jahresmittel gemessen werden, liegen die Werte in Bremen, Hamburg und Oldenburg nur noch bei 3–4 m/s. Hundert Kilometer Entfernung von der Küstenlinie der Nordsee bedeuten eine Verminderung des jährlichen Mittelwindes um 50%. An der Ostseeküste ist die Abnahme nicht ganz so rasant. Mit seinen beiden Küsten und dem schmalen Landstreifen zwischen Nord- und Ostsee ist Schleswig-Holstein mit Abstand das windigste Bundesland; weit über 80% des Landes weisen Windgeschwindigkeiten über 4 m/s im Mittel auf. Am schwächsten weht der Wind im Saarland, hier gibt es keine nennenswerten Flächen, die einen Jahresmittelwind über 4 m/s erreichen. In allen anderen Bundesländern finden sich solche Gebiete, auch wenn sie klein sind. In Hessen sind es 400 km² der insgesamt 21.100 km² des Landes. Im etwa 70.000 km² großen haben wegen der Berge immerhin 2000 km² einen mittleren Wind von über 4 m/s.

Wenn man die Höhenlagen außer Acht lässt, nimmt der Wind mit zunehmender Entfernung von der Küste nach Süden hin kontinuierlich ab. Die 3-m/s-Windlinie zieht sich von der Nordeifel über das Rheintal bei Bonn und das Bergische Land südlich des Rothaargebirges bis nach Nordhessen. Sachsen-Anhalt und Brandenburg werden von der 3-m/s-Linie geteilt. In Berlin werden noch knapp über 3 m/s im Jahresmittel gemessen, während in Cottbus der Wert unter die 3-m/s-Grenze absinkt. Weiter südlich weisen die Höhenlagen des Erzgebirges teilweise wieder höhere Werte auf, im Flachland werden, etwa in Erfurt, nur noch 2,5–2,8 m/s gemessen.

Die 3-m/s-Linie durch Deutschland ist eine wichtige Grenze, denn historisch zeigt sich, dass nur nördlich dieser Linie Windmühlen standen. Südlich davon gab es Windmühlen nur im Bergland oder an vereinzelten, exponierten Stellen. Noch im 19. Jahrhundert hatte fast jedes Dorf eine eigene Windmühle, etwa 20.000 Stück waren es in ganz Deutschland. Im windreichen Norden gab es im 18. und 19. Jahrhundert viele Windmühlen, im Süden dann eher Wasser-, Tier- und andere Mühlsysteme.

An einem Nebenfluss der Mosel soll die erste Wassermühle Deutschlands gestanden haben. Bis 800 n. Chr. hatte sich diese Technologie auch bis zur Nordsee durchgesetzt. Erst ab dem 11. Jahrhundert wurden in Deutschland die ersten Windmühlen bekannt, die sich im Norden rasch durchsetzten. Genutzt wurden Windräder aber nicht nur zum

Windmühle

Mahlen von Getreide, sondern auch zum Ausbaggern, Färben, Glattziehen von Drähten etc. Ab dem späten 18. Jahrhundert war mit der allmählichen Verbreitung der Dampfmaschine das Zeitalter der direkten Nutzung der Naturkräfte vorübergehend beendet.

Im Rheintal stand die südlichste Mühle in Oberkassel bei Bonn. Südlich davon war der Wind so schwach, dass sich die Nutzung des Windes als Energiequelle nicht lohnte. Südlich von Koblenz werden im Flachland nur 1,8–2,5 m/s gemessen (z. B. Geisenheim mit 2,1 m/s). An der Donau, in einigen Seitentälern des Mains, des Neckars und in Alpentälern sind es im Jahresdurchschnitt weniger als 2 m/s. Stuttgart mit 2 m/s und Passau mit 1,8 m/s gelten als besonders windschwach. Im Jahresverlauf nimmt der Wind mit steigendem Sonnenstand ab und erreicht zwischen Juni und September in Deutschland sein Minimum.

Spätherbst und Winter sind die windigsten Monate, unabhängig von der Lage am Meer oder den Alpen. An den Küsten werden im Dezember und Januar Mittelwerte von über 10 m/s erreicht. Auf dem Brocken sind es sogar über 14 m/s im Januar und Februar. Im Sommer weht der Wind auf Sylt kaum noch mit 7 m/s und auf dem Brocken sinkt er auf 9 m/s im Mittel. In Passau, im Windschatten Deutschlands, erreicht der Mittelwind im Juli und August nur noch 1,5 m/s.

Wie bei allen meteorologischen Parametern ist nicht nur der Mittelwert von Bedeutung, sondern auch die Schwankungen des Windes im Jahresverlauf. Die extremsten Windgeschwindigkeiten in Bodennähe werden auf den Spitzen des Harzes und direkt an der Nordseeküste oder auf der offenen Nordsee gemessen. An der Küste wurden Stundenmittel von 25–32 m/s erreicht. Auf Norderney und den anderen Ostfriesischen Inseln wurden häufiger Stundenmittel über 30 m/s gemessen. Etwas schwächer ist der Wind mit 25–28 m/s auf Sylt, in Cuxhaven, Emden und Wilhelmshaven. An der Ostseeküste liegen die Werte zwischen 23 und 25 m/s. Wie das Jahresmittel, so nehmen auch die Stundenmittel nach Süden hin ab. Während jedoch Stundenmittel über 15 m/s bis in die 80er Jahre im Flachland südlich der Mittelgebirge nicht vorkamen, hat sich dies in den vergangenen 12 Jahren geändert. Orkantiefs zogen quer durch Frankreich und Deutschland und verursachten auch in tiefen Lagen wie Karlsruhe, Baden-Baden und Freiburg Stundenmittel über 20 m/s. Sogar im windschwachen Passau wurden Werte von weit über 15 m/s registriert.

Im Zehnminutenmittel kann der Wind im Voralpenland 30–35 m/s erreichen, an den Küsten und auf den Kuppen der Mittelgebirge über 50 m/s. Wiederum sind die offene Nordsee, der Brocken und die Zugspitze mit über 50 m/s Spitzenreiter. Einzelne Böen erreichen noch höhere Windgeschwindigkeiten. Die höchste Windgeschwindigkeit Deutschlands wurde auf der Zugspitze gemessen. Mit 335 km/h oder 93 m/s war hier der Wind am 12.6.1985 so schnell, dass dies kein herkömmlicher Windmesser überstanden hätte. Gemessen wurde diese Extrembö mit einem Staudruckmessgerät. Bei diesem Instrument wird die Kraft gemessen, die der Wind auf eine Fläche ausübt. So lassen sich insbesondere sehr hohe Windgeschwindigkeiten erfassen. Bei diesem Rekordwert wurde auf einen Quadratmeter ein Druck von 541 kg ausübt. Bei solchen Extrembelastungen wird klar, warum Bergstationen besonders massiv gebaut werden. Ähnlich ist es an der Nordseeküste und auf offener See. In einzelnen Orkan- und Sturmereignissen können zwischen Ende September und März Böen bis 60 m/s bzw. 200 km/h auftreten. Drücke über 100 kg pro Quadratmeter können zu erheblichen Schäden an Bauten führen. Die Sturm- und Orkanserien der letzten 15 Jahre haben auch im Binnenland zu Spitzenböen geführt.

Cirrocumuluswolken in großer Höhe sind recht sichere Zeichen für Unruhen in der Atmosphäre. Schauer, Gewitter, oder gar eine Wetterfront, können folgen.

Neben den Extremböen spielen auch die Zeiten der Windstille eine wichtige Rolle. So liegt in Passau, der windärmsten Stadt Deutschlands, die Windgeschwindigkeit zu 96% der Zeit zwischen 0 und 5 m/s. An über 40% aller Tage liegt die Windgeschwindigkeit bei unter 3 m/s. Auf Sylt, in Büsum oder in Meppen wehen dagegen nur an 20–30% der Messtage schwache Winde zwischen 0 und 5 m/s. Annähernde Windstille mit unter 2 m/s gibt es an den Küsten mit einer Häufigkeit von nur 0–2%, auf Helgoland und den Bohrinseln gibt es kaum Tage mit Wind unter 2 m/s. Ein vergleichbarer Ort ist in Süddeutschland im Flachland oder im Mittelgebirgsraum nicht zu finden. In Würzburg gibt es zu 34% der Zeit Windstille oder schwachen Wind. Auch in Oberstdorf oder in Garmisch und anderen Tälern ist sogar bei jeder zweiten Messung der Wind kaum zu spüren. Auf den Bergen sinkt die Wahrscheinlichkeit für eine Flaute gegen Null. Auf der Zugspitze, dem Großen Arber und der Wasserkuppe zeigen weniger als 1% der Messungen weniger als 2 m/s Wind.

Die stärksten Winde über Deutschland aber wehen in der Höhe, nämlich immer dann, wenn der Jetstream über uns hinwegfegt, der in den 30er Jahren von den Höhenfliegern entdeckt wurde. Diese Extremwinde in 5–12 km Höhe kreisen mit Geschwindigkeiten von 100 bis manchmal 400, ja sogar 500 km/h um die Erde. Das japanische Militär nutzte die rasenden Höhenwestwinde, indem sie Sprengballons bauten, die aufstiegen und tatsächlich 3–4 Tage später das amerikanische Festland erreichten.

Heute nutzt man die Jetstreams zu friedlichen Zwecken, um eine Stunde schneller z. B. aus dem USA nach Europa zu kommen. Die Jetstreams bilden sich genau an den Frontalzonen, an denen die größten Temperaturunterschiede bestehen. Allerdings wandeln sie sich ständig, sind mal stärker, mal schwächer und manchmal kaum vorhanden.

7

7.9.3 Die Windrichtung

Neben der Windgeschwindigkeit ist auch die Windrichtung nicht ohne Bedeutung, denn sie spielt u. a. bei Schadensereignissen durch Stürme oder beim Transport von radioaktiven Teilchen nach Katastrophen wie der von Tschernobyl und Fukushima eine große Rolle. Auch bei der Schadstoffbelastung der Luft ist die Windrichtung wichtig, da der Wind die Abluft von Kraftwerken (je nach Windrichtung) bis zu 50 km ins Umland verweht.

Generell redet man gerne davon, dass Deutschland innerhalb der Westwindströmung liegt, also die vorherrschende Windrichtung die aus Westen ist. Dies ist nur bedingt richtig, da die Geographie Deutschlands den Wind ablenkt und der klassische Westwind im Binnenland deshalb selten ist.

In Küstennähe von Nord- und Ostsee und in ganz Schleswig-Holstein findet man diese typische Westströmung. Durch das ganze Jahr kommt der Wind überwiegend aus SW, W oder NW. Nur für kurze Zeit, meist im Frühjahr, können aber auch Ost- und Nordostwinde an den Küsten überwiegen. An der Ostseeküste sind die Windrichtungen ähnlich.

Im Norddeutschen Flachland, in Mecklenburg-Vorpommern, Berlin und Brandenburg überwiegen ebenfalls die Westwinde. In Potsdam kommt der Wind wie in Berlin das ganze Jahr aus Westen. Auch auf dem Brocken zeigt sich die Westströmung durch das ganze Jahr.

Mit den Mittelgebirgen beginnen die Abweichungen. Im Rheintal dominieren über weite Teile des Jahres Südost- und Südwinde.

Durch die Ablenkung des Berglands, in diesem Fall Eifel und Bergisches Land, wird der Wind von Süden her durch das Rheintal geführt. Fast 50% aller Tage gibt es Wind aus Süden oder Südosten. In Aachen dagegen ist dieser Effekt nicht zu beobachten, hier dominiert über das ganze Jahr wieder der Südwest- oder Westwind.

Auch nördlich des Sauerlandes gibt es die orographischen Effekte. Hier überwiegen klar die Ost- und Westwinde. Südwind ist aufgrund des Gebirges im Süden eher selten. An allen deutschen Mittelgebirgen und in den Alpen lassen sich regionale Einflüsse des Berglandes auf die

Windrichtung beobachten. Es hängt teilweise von der kleinräumigen Lage und Entfernungsunterschieden im Meterbereich ab, welche Windrichtung vorherrscht. Auf den Bergen, z. B. auf dem Feldberg oder der Zugspitze, dominieren die Westwinde, da hier die Geographie keine Rolle spielt.

In Bayern und Baden-Württemberg findet man in zahlreichen Flusstälern die Ablenkung des Windes vom Westwind. Im gesamten Maintal, so z. B. an den Stationen Wertheim und Würzburg, richtet sich der Wind am Flusstal aus. In Würzburg kommt der Wind zu 50% aus westlichen und zu 35% aus östlichen Richtungen. Alle anderen Windrichtungen kommen im Maintal nur sehr selten vor. Auch an der Donau in Passau, Regensburg, Ingolstadt und Donauwörth zeigt sich dieser Effekt. In den Tallagen des Bayerischen Waldes und des Alpenvorlandes ist die Ablenkung noch extremer. Hier richtet sich der Wind ausschließlich nach dem Talausschnitt aus. So gibt es zum Beispiel in Höllenstein im Bayerischen Wald bei Viechtach in einem West-Ost-Tal zu 90% Wind aus diesen Richtungen. Am Bodensee ist der Einfluss der Schwäbischen Alb und der Bayerischen Alpen zu spüren. Der Wind wählt immer den einfachsten Weg und umgeht am Bodensee den Schwarzwald, die Schwäbische Alb und die Alpen. Daher treten hier zu 35% Nord-Ost-Winde und zu 20% Süd-West-Winde auf. Westwinde sind mit 15% eher selten.

Nur in freien Höhenlagen und im Norddeutschen Flachland dominiert also der Westwind. Im orographisch untergliederten Bergland (schon Höhenlagen ab 150 m reichen aus) wird der Wind soweit abgelenkt, dass West nicht mehr die Hauptrichtung ist.

Tiefe Wolken schließen sich auf diesem Bild zu Schichten zusammen. In der Fachsprache werden sie Stratocumulus, also »Haufenwolkenschichten«, genannt.

8. Extremes Wetter

8.1 Deutsche und weltweite Wetterrekorde

Temperaturextreme in Deutschland

▶ Heißer Sommer 2003: Die höchste in Deutschland je gemessene Temperatur betrug am 8. August in Perl-Nennig (Saarland) 40,3 °C gemessen.

8

▶ Eisiger Winter 2001: Am kältesten Ort Deutschlands, dem Funtensee im Berchtesgadener Land, wurden an Heiligabend −45,9 °C gemessen. Deutscher Rekord!

Temperaturextreme weltweit

▶ Die höchste je gemessene Temperatur betrug im Sommer 2007 in der iranischen Dascht-e Lut-Wüste 70,7 °C (gemessen per Satellit).
▶ Die tiefste je gemessene Temperatur stammt aus der Ostantarktis von der Forschungsstation Wostok. Am 21.7.1983 herrschten hier −89,2 °C. Das ist der offizielle Rekord. Ein 1997 gemessener Wert von −91,5 °C ist inoffiziell.

Weitere Temperaturrekorde

▶ Schnellster Temperaturanstieg: Spearfish in South Dakota, USA. Hier stieg die Temperatur am 22.1.1943 innerhalb von 2 Minuten um 27 °C.
▶ Schnellster Temperaturfall: Rapid City, ebenfalls in South Dakota. Am 10.1.1911 fiel hier die Temperatur in 15 Minuten um 26 Grad.

Schneefall und Hagel

▶ Die höchste in einem Jahr gemessene Schneemenge gab es auf dem Mount Rainier im US-Bundesstaat Washington. Hier fielen zwischen dem 19.2.1971 und dem 18.2.1972 31,1 Meter Schnee.
▶ Die größte Schneeflocke maß unglaubliche 38 cm im Durchmesser, entdeckt wurde sie 1887 in Fort Keogh in Montana, USA.
▶ Ein »Hagelkorn« von extremem Ausmaß fand man in South Dakota, USA. Der amerikanische Wetterdienst bestätige im Jahr 2003 ein Gewicht von 875 g, den Durchmesser von 20,32 cm sowie einen Umfang von 47,29 cm.
▶ Und hier noch ein deutscher Hagelrekord: Einen Schaden von 1,5 Milliarden Euro richtete ein Hagelunwetter am 12.7.1984 im Raum München an. Die Hagelkörner hatten teilweise die Größe von Tennisbällen. Die Schäden waren gigantisch: fast eine Viertelmillion zerstörte PKW, 70.000 beschädigte Gebäude und ca. 400 Verletzte.

Häufiges Himmelsbild kurz vor einem Gewitter oder einem Schauer.

Niederschläge in Deutschland

▶ Die höchste Tagesniederschlagssumme wurde in Deutschland vom 12.–13.8.2002 in Zinnwald (Erzgebirge) gemessen. Während des schweren Elbehochwassers fielen 312 mm Niederschlag.

▶ Was in Zinnwald an einem Tag vom Himmel kam, fiel in Straußfurt (Thüringen) im Jahr 1911 im ganzen Jahr nicht. Es waren nur 242 mm – die geringste in Deutschland je gemessene Jahresniederschlagssumme.

Niederschläge weltweit

▶ Die höchste je gemessene Niederschlagsmenge (24-Stunden-Wert) betrug am 15. und 16.3.1952 in Cilaos (La Reunion) 1870 mm in 24 Stunden.

▶ Die höchste Niederschlag-Jahresmenge stammt aus dem 19. Jahrhundert: Vom 1.8.1860 bis 31.7.1861 fielen in Cherrapunji (Indien) 26.461 mm Niederschlag.
▶ Am wenigsten Niederschlag fällt sicherlich in der chilenischen Atacama-Wüste. Trockenperioden von bis zu 10 Jahren, in denen kein Tropfen Regen fällt, sind keine Seltenheit.

Sonnenscheindauer in Deutschland
▶ Die meisten jährlichen Sonnenstunden gab es im Jahr 1959 auf dem Klippeneck (Schwäbische Alb). Insgesamt schien die Sonne 2329 Stunden.
▶ Sehr dunkel war es 1995 in Ruhpolding (Bayern). Die 929 Sonnenstunden in diesem Jahr sind deutscher Negativrekord.

Sonnenscheindauer weltweit
▶ Ein durchaus positiver Rekord stammt aus Santa María del Yocavil (Argentinien) – mit 360 Sonnentagen einer der sonnenreichsten Ort der Welt.

Windgeschwindigkeit in Deutschland
▶ Die stärkste Böe wurde auf der Zugspitze gemessen. Mit einer Geschwindigkeit von 335 km/h fegte sie am 12.6.1985 über den höchsten Berg Deutschlands.

Windgeschwindigkeit weltweit
▶ Die weltweit höchste Windgeschwindigkeit wurde am 10.4.1996 gemessen. Auf der westaustralischen Insel Barrow Island stürmte es mit 408 km/h.

Luftdruck in Deutschland
▶ Der höchste Luftdruck, der in Deutschland gemessen wurde, betrug am 23.1.1907 in Berlin 1057,8 hPa.
▶ Aus Bremen stammt der niedrigste in Deutschland je gemessene Luftdruck: 955,4 hPa am 27.11.1983.

8

Luftdruck weltweit

▶ Der höchste Luftdruck wurde am 31.12.1968 in Agata (Sibirien) gemessen: 1083,8 hPa.

▶ Der tiefste Luftdruckwert betrug nur 870 hPa. Gemessen wurde er am 12.10.1979 im Taifun »Tip« bei Guam.

8.2 Verhaltensweisen bei Unwettern

Verhaltensweisen bei Stürmen und Orkanen

Stürme und Orkane mit starken Beschleunigungen der Luft können schwere Schäden verursachen. So ist es z. B. keine Seltenheit, dass Bäume und Strommasten abknicken, Dächer abgedeckt und Gegenstände fortgeweht werden. Besonders Schirme, Markisen und Überdachungen halten dem Winddruck und den Sogkräften oft nicht stand.

Als Mieter und Hauseigentümer sollte man daher regelmäßig die Gegenstände auf Windfestigkeit überprüfen, die auf Balkon, Terrasse etc. stehen.

Hohe Windgeschwindigkeiten gefährden jedoch nicht nur Fußgänger. Mit kräftigem Seitendruck müssen auch Motorrad- und Autofahrer rechnen, wenn sie beispielsweise einen Tunnel, einen Waldabschnitt oder einen anderen bisher windgeschützten Ort verlassen.

Wird in Radio, Internet oder Zeitung vor starken Windgeschwindigkeiten gewarnt, sollten die schützenden Räume nicht verlassen werden. Muss man sich trotzdem draußen aufhalten, sollte man unbedingt die Nähe von Gebäuden, Gerüsten, hohen Bäumen und Strommasten und insbesondere Waldgebiete meiden.

Verhaltensweisen bei Gewittern

Vergessen Sie bitte den Spruch: »Eichen sollst du weichen, Buchen musst du suchen.« Ein Blitz sucht sich nicht die Baumart aus, sondern schlägt in alle Bäume ein, die besonders exponiert stehen.

Während uns der Donner wegen seiner Lautstärke vielleicht kurz erschreckt, jedoch ungefährlich ist, müssen wir uns vorm Blitz in Acht

Zerstörungen durch einen Tornado in Deutschland. Abgebildet auf einer Ansichtskarte zu Anfang des 20. Jahrunderts.

nehmen. Pro Tag entladen sich auf unserem Planeten in ca. 2000 Gewittern etwa 9 Millionen Blitze, in unseren Breiten meist im Frühjahr und Sommer. Blitzentladungen im Winter sind sehr selten und fordern dementsprechend wenige Opfer.

In direkter Nähe eines Blitzkanals ist es am gefährlichsten. Doch noch im Umkreis von 10 Metern um den eigentlichen Blitzeinschlag kann es zu erheblichen Schädigungen des Organismus kommen. Dazu zählen schlimme Verbrennungen und Herz-/Kreislaufstillstand. Im Umkreis von 1–2 Metern oder bei direktem Blitzschlag sind die Folgen nicht selten tödlich, die Überlebenschance ist fifty-fifty.

Der sicherste Ort, ein Gewitter zu überstehen, ist der Farradaysche Käfig. Eine geschlossene Hülle aus Metall, das beste Beispiel ist ein Auto, gibt dem Blitz keine Chance.

Befindet man sich während eines Gewitters auf freiem Feld, besteht Gefahr. Bestenfalls hockt man sich in einen Graben, wenn nicht gerade ein Auto in der Nähe ist. Ein Wald ist dagegen kein guter Ort, um Unterschlupf zu finden. Bäume ziehen Blitze an, Böen können Äste abknicken lassen oder die Bäume sogar ganz entwurzeln. Extrem gefährlich ist das Baden bei Gewitter! Sollten die ersten dunklen Gewitterwolken aufziehen, muss man Schwimmbad oder See sofort verlassen!

Verhaltensweisen bei Hagel

Hagel steht im engen Zusammenhang mit sommerlichen Gewittern. Besonders in der Landwirtschaft verursacht Hagel teils hohe Schäden. Doch auch Menschen können durch große Hagelkörner verletzt werden. Körner, deren Durchmesser größer als ein Zentimeter ist, gelten bereits als gefährlich.

Neben dem Schließen aller Fenster und Türen sollte während eines Hagelschauers der Aufenthalt im Freien möglichst vermieden werden. Um Hagelbeulen zu vermeiden: Auto unterstellen! Und falls Sie mit dem Auto gerade unterwegs sind: Stellen Sie sich auf winterliche Straßenverhältnisse ein – auch wenn es gerade August ist. Hagel tritt meist lokal und plötzlich auf und benötigt eine gewisse Zeit, um wegzutauen. Fahren Sie daher mit Licht und halten ausreichend Abstand.

Verhaltensweisen bei Schnee und Glatteis

Wer im Winter ohne Winterreifen unterwegs ist, wird bei Schnee und Glatteis Probleme bekommen. Doch auch Sichteinschränkungen machen den Autofahrern im Winter häufig Probleme. Daher: Vergrößerten Sicherheitsabstand halten, Tempo herabsetzen und Scheinwerfer an – auch am Tag!

Gesellt sich zum Schneefall auch noch starker Wind kommt es zu Schneeverwehungen. Diese beeinträchtigen den Verkehr erheblich und sorgen mitunter sogar für Stillstand auf den Straßen. Das Mitführen von warmen Decken und angemessener Bekleidung sowie warmen Getränken und Lebensmitteln ist ebenso wichtig wie ein voller Benzintank. Werden die Schneefälle zu stark, sollte man auf das Autofahren ganz verzichten.

Besonders gefährlich ist Glatteis und vor allem plötzliches Glatteis, das entsteht, wenn Regen oder Sprühregen auf gefrorenen Boden fällt. Man sollte keine Fahrten mit dem Auto unternehmen und nach Möglichkeit das Haus nicht verlassen. Häufig ist bei Glatteis auch der Schienenverkehr betroffen.

9. Wettervorhersagen

9.1 Allgemeines zur Vorhersagbarkeit des Wetters und dessen Bedeutung

Es ist ein uralter Wunsch der Menschheit, in die Zukunft blicken zu können. Besonders wichtig ist dies auf Gebieten, in denen es von großer, mitunter existentieller Wichtigkeit ist, zu wissen, was die Zukunft bringt. Spätestens mit dem Sesshaftwerden des Menschen, als vor ca. 10.000 Jahren aus Jägern und Sammlern Bauern wurden, war es von Interesse, wie sich in den nächsten Tagen oder Wochen das Wetter entwickeln würde. Aber nicht nur beim Ackerbau spielte und spielt das Wetter eine Rolle – so manche Schlacht in der Geschichte wurde vom Wetter entschieden.

Existenziell ist der Einfluss des Wetters heute meist nicht mehr, zumindest in vielen entwickelten Ländern. Aber auch der moderne Mensch möchte wissen, wie das Wetter wird. Wettervorhersagen gestalten das Leben nicht nur angenehmer, sondern wenden auch Schäden von Personen und Sachgütern ab. Nach eigenen Schätzungen kommen die Kosten, die eine Wettervorhersage verursacht, als 20–30-facher Gewinn durch Schutz von Gütern wieder zurück. Nicht nur für den Einzelnen, auch in der Landwirtschaft, im Baugewerbe oder bei den großen Energieversorgern ist eine Wetter- und Witterungsprognose unerlässlich. Sicherer Flugverkehr wäre ohne eine präzise und fundierte Wettervorhersage ebenfalls nicht möglich bzw. wesentlich aufwendiger.

Insbesondere das (mobile) Internet hat den Zugang zu Wettervorhersagen vereinfacht, sodass sie inzwischen für fast alle zu einem öffentlich zugänglichen Gut geworden sind.

Der Bedarf an Wettervorhersagen ist also gewaltig, auch weil sie inzwischen sehr zuverlässig geworden sind. Vorhersagen über 48 Stunden sind nur selten wirklich falsch, weniger als 5% der Vorhersagen sind vollständig unkorrekt. Selbst Prognosen über 10–14 Tage sind inzwischen akzeptabel.

Screenshot Donnerwetter.de – Beispiel eine Wetterseite im Internet. Heute erwarten wir, weltweit und überall genau über das Wetter Bescheid zu wissen.

Versuche, das Wetter vorherzusagen, gab es allerdings schon vor Jahrtausenden. Die Vorhersage interessierte vor allem in Zusammenhang mit der Landwirtschaft. Die Meteorologie und insbesondere der Teil der Meteorologie, der sich mit der Wettervorhersage beschäftigt, ist eine empirische Wissenschaft, also eine Erfahrungswissenschaft. Die Bezeichnung »Bauernregeln« verdeutlicht bereits, dass diese Wetterregeln von Bauern aufgestellt und verwendet wurden. Dabei hat man das Wissen um die Wetterentwickelung von Generation zu Generation, von Bauer zu Bauer weitergegeben. Anhand des Wetters an einem bestimmten Tag, dem sogenannten Lostag, konnte das Wetter oder die Witterung vorhergesagt werden. Berücksichtigt man zum einen, dass selten ein einziger Lostag, sondern ein Zeitraum um einen Lostag zur Grundlage genommen wurde und dass zum anderen viele Bauernregeln regional entstanden sind und deshalb auch nur regional gelten, erreichen Bauernregeln durchaus eine annehmbare Zuverlässigkeit.

Der Magdeburger Otto von Guericke (1602–1686), der in seinem berühmten Experiment mit den Magdeburger Halbkugeln die Existenz des Luftdrucks nachwies, erkannte als einer der ersten den Zusammenhang zwischen absinkendem Luftdruck und dem Herannahen eines (ggf. auch unwetterartigen) Tiefdruckgebiets. Den Zusammenhang zwischen der Verlagerung eines Tiefdruckgebiets und dem damit einhergehenden Wetter erkannte auch der Gelehrte und Staatsmann Benjamin Franklin (1706–1790). In einem Brief von einem Freund aus Boston las Franklin, dass dieser eine Mondfinsternis nicht habe sehen können, weil der Himmel mit dichten Wolken verhangen gewesen sei. Er schloss daraus richtig, dass dies vom gleichen Wettergebilde verursacht worden war, dass einige Tages zuvor auch in Pennsylvania für dichte Wolken gesorgt hatte.

Im 19. Jahrhundert konnten einfache Wettervorhersagen auf Grundlage von synoptischen Beobachtungen in synoptischen Messnetzen erstellt werden. Das Wort Synoptik ist für die Wetterbeobachtung und -vorhersage von sehr großer Bedeutung. Synoptik kommt von dem griechischen Wort »synopsis« und bedeutet Zusammenschau. Es werden sowohl in der Beobachtung wie auch in der Vorhersage vielfältige meteorologische Elemente wie z. B. Luftdruck, Temperatur und Wolkenarten beobachtet und vorhergesagt. Die beobachtenden Wetterstationen wurden weltweit immer weiter ausgebaut, sehr hilfreich war hierbei die aufkommende Nachrichtentechnik. Die Daten werden unter allen Nationen ausgetauscht, unabhängig von politischen Geschehnissen. Auch die Seefahrt hat sowohl von der Wettervorhersage profitiert als auch etwas für diese getan.

Ab den 1950er Jahren wurde die Wettervorhersage durch zwei neue Verfahren erheblich unterstützt und verbessert: Zum einen konnte nun mit Wetter- und anderen Fernerkundungssatelliten die genaue Lage von Wolkenfeldern und wetterwirksamen Fronten bestimmt werden, zum anderen wurde mit der zunehmenden Entwicklung von Computern eine numerische Wettervorhersage möglich.

Die beiden Hauptarten der Wettervorhersage sind somit die synoptische und die numerische Wettervorhersage. In der Praxis findet jedoch oftmals eine Synthese aus beiden Anwendung. Zusätzlich werden mit statistischen Verfahren vor allem regionale Prognosen mit regionaltypischen Elementen verbessert.

Die Ansprüche an die Wettervorhersage sind gestiegen. Zeitlich und räumlich erwarten viele Menschen heute perfekte Prognosen. Allerdings ist es nicht immer möglich, genau zu sagen, wann und wo es lokal einen Schauer gibt. Es ist nur klar, dass eine erhöhte Wahrscheinlichkeit für einen Schauer existiert. Auch die Auswirkungen der Mittelgebirge auf das lokale Wettergeschehen sind nicht genau vorhersagbar. Ebenso verhalten sich schwere Unwetterzellen nicht immer vorhersehbar. Bis zu einer Stunde im Voraus lässt sich manchmal eine Gewitterzelle vorhersagen – dank dem Radar, das die Gewitter ortet und dann eine Prognose ermöglicht. 3–5 Stunden vorher weiß man nicht, wo die Gewitterzellen sich aufbauen werden, da sie auf dem Radar noch gar nicht zu sehen sind.

In der folgenden chronologischen Übersicht ist die Entwicklung der Wettervorhersage nochmals dargestellt:

Zeit	Prognosen
1840–1900	24 Stunden, viele Fehler, grober Ausblick auf 2–3 Tage.
1900–1945	48 Stunden Vorhersage Standard – im 2. Weltkrieg gute Vorhersagen für 2–3 Tage im Voraus mit geringen Fehlern, auch ohne Computertechnik – Vorhersage bis 5 Tage sehr unsicher.
1950–1972	Das Vorcomputerzeitalter der Wettervorhersagen, 48 Stunden für die Öffentlichkeit als Fernseh- oder Zeitungsvorhersage, Trends bis 4–5 Tage noch selten und unsicher.
1972–1988	Stunden-Vorhersagen sehr gut, auch dank der neuen Rechner, Trends bis 6 Tage noch sehr unsicher, aber insbesondere in den achtziger Jahre häufiger in den Medien zu sehen.
1988–2000	72 Stunden recht sicher, Trends bis 10 Tage in den Neunzigern mit neuen Supercomputern, häufig noch Fehler bei Kurzfristvorhersagen, insbesondere bei raschen neuen Entwicklungen.
2000–heute	96 Stunden Vorhersagen Standard, geringe Fehlerwahrscheinlichkeiten, 14 Tage Standard, mehrere Rechendurchgänge, dadurch Eingrenzung von Fehlern bei der Langfristprognose.

9.2 Synoptische Wettervorhersage: Die Zusammenschau

Die synoptische Meteorologie beobachtet nach einheitlichen Standards zu einheitlichen Zeiten die verschiedenen Elemente des Wetters. Dazu zählen Temperatur, Luftdruck, Luftdrucktendenz, Luftfeuchtigkeit, Erdbodentemperatur, Windgeschwindigkeit und Windrichtung,

Von Nebel sprechen die Meteorologen bei Sichtweiten unter einem Kilometer.

Niederschlagsmenge, Niederschlagsart, Sichtweite und natürlich der Bedeckungsgrad und die Wolkenarten. Weltweit gibt es ca. 10.000 Wetterstationen. Hinzu kommen Wetterdaten von Wetterschiffen, Wetterstationen auf Handelsschiffen und Bojen. Diese synoptischen Daten werden von der Gemeinschaft der nationalen Wetterdiensten verteilt und durch Fernerkundungsdaten ergänzt.

Für die synoptische Wettervorhersage erstellt der Meteorologe vom Dienst regelmäßig Wetterkarten. Zunächst wird der Ist-Zustand der At-

mosphäre ermittelt. Hierzu werden in eine Karte mit extra dafür entwickelten Symbolen alle Stationsmeldungen eingetragen. Dann werden
die Punkte gleichen Luftdrucks mit Linien verbunden. So erhält man die
Isobaren. Für andere Messwerte wird dies ebenfalls gemacht. Werden
Stationen gleicher Luftdruckänderung durch Linien verbunden, erhält
man die Isallobaren, also die Linien mit gleicher Luftdrucktendenz. Mar-
kante Änderungen der Windgeschwindigkeit und der Windrichtung zeigen Fronten (Warmfronten und Kaltfronten) an. Dies lässt auch erkennen, wo sich z. Z. welche Luftmasse mit welchen Eigenschaften in
Europa befindet. Nun kann der Meteorologe aus seinem Erfahrungs-
schatz eine Wettervorhersage erstellen. Außerdem können mithilfe von
Radiosonden Höhenwetterkarten erstellt werden. Diese können mit der
Isallobarenkarten graphisch addiert werden, um so direkt eine synoptische Vorhersagekarte zu gewinnen. Auch Satellitenbilder helfen dem sy-
noptisch arbeitenden Meteorologen bei seiner Vorhersage. Viele Verfahren der synoptischen Wettervorhersage werden heute vom Computer
durchgeführt.

9.3 Die numerische Wettervorhersage: Ein physikalisch-mathematisches Bild der Atmosphäre

Mit der Einführung von Großrechnern und ihrer Weiterentwicklung in
der zweiten Hälfte des 20. Jahrhunderts wurde auch der numerischen
Wettervorhersage die Tür geöffnet. Die Grundidee ist, beispielsweise
den Luftdruck für die Zukunft zu berechnen. Dazu muss man den aktuellen Luftdruck kennen und über eine Gleichung verfügen, die beschreibt, wie sich Luftdruck verändert. Die erste numerische Wettervorhersage wurde noch per Hand vom britischen Meteorologen Lewis Fry
Richardson (1881–1953) erstellt. Das Ergebnis war unbrauchbar, weil er
für die Berechnung einerseits viel zu lange brauchte und weil sie andererseits aufgrund der vielen Vereinfachungen falsch war. Dennoch wurde Richardsons Grundidee weiterverfolgt.

In den USA konnte kurz nach Ende des Zweiten Weltkriegs John von Neumann (1903–1957), ein ungarischer Emigrant und früher Computerspezialist an der Universität Princeton, verschiedene berühmte Meteorologen seiner Zeit gewinnen, um auf den ersten Rechenmaschinen meteorologische Berechnungen durchzuführen. Kurze Zeit später, 1950, gelang es einer Meteorologengruppe rund um Jules Charney (1917–1981), auf einem der ersten Rechner der USA, dem ENIAC, die erste numerische Wettervorhersage zu erstellen. Der Computer, der nur wenige Daten wirklich speichern konnte, musste mit Lochkarten bedient werden. Um eine Prognose für den nächsten Tag zu erstellen, dauerte es allerdings viel zu lange, nämlich über 24 Stunden. Das wichtigste Ergebnis war, dass numerische Wettervorhersagen grundsätzlich funktionierten. Erst etwa 15 Jahre später führten erste Wetterdienste mehrmals täglich Wettervorhersageberechnungen durch. Ab Oktober 1967 wurde von einem Computer täglich eine Wettervorhersage für die nächsten zwei Tage erstellt.

Für eine numerische Wettervorhersage wird eine Region, z. B. Mitteleuropa oder auch die gesamte Erde, mit einem dreidimensionalen Gitternetz überzogen, d. h. es bedeckt nicht nur den Boden, sondern reicht auch in die Höhe. Dann werden alle interessierenden Parameter mithilfe von prognostischen Gleichungen berechnet. Dabei geht der Rechner von einem Zustand X, nämlich dem aktuellen Wetter, aus und berechnet mehr oder weniger weit in die Zukunft. Je weiter man in die Zukunft schaut, desto ungenauer wird die Vorhersage. Fehler addieren sich auf. Hinzukommt, dass das Wetter mathematisch betrachtet ein nichtlineares System ist und sich teils chaotisch verhält. Das bedeutet u. a., dass kleine Änderungen in den Anfangsbedingungen zu großen Veränderungen im Ergebnis führen. Bekannt ist das Beispiel, dass der Flügelschlag eines Schmetterlings in Asien bei uns ein Unwetter verursachen könnte, was so sicherlich nur ein theoretisches Gedankenexperiment ist, aber das Prinzip gut veranschaulicht. Um dieser chaotischen Beschaffenheit zu begegnen, werden mehrere Berechnungen mit leicht abweichenden Anfangsbedingungen durchgeführt. Sind die Abweichungen nicht allzu groß, kann davon ausgegangen werden,

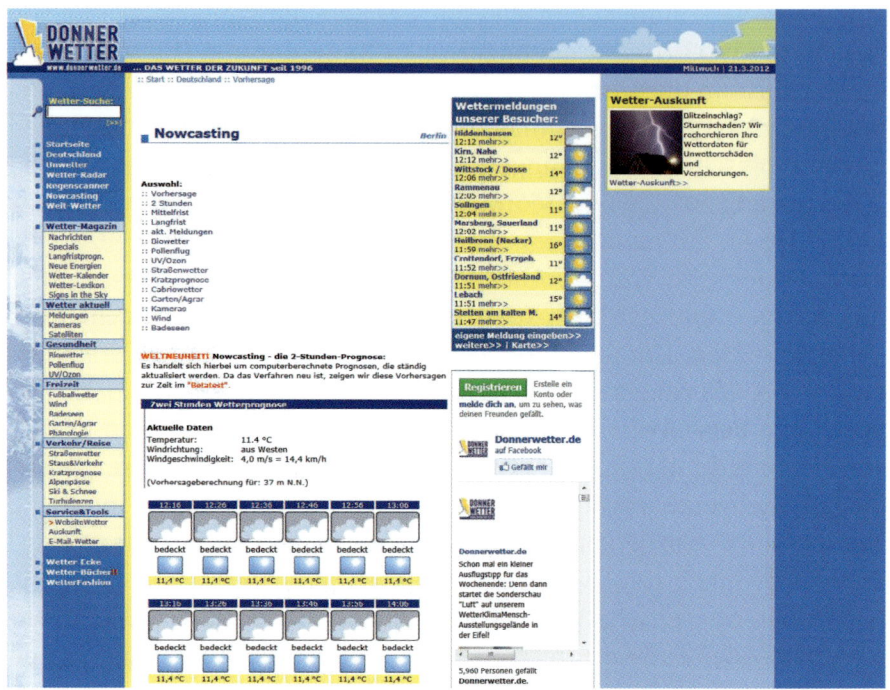

Nowcasting – die 2-Stunden-Prognose bei Donnerwetter.de.

dass die numerische Wettervorhersage für den Zeitraum größtenteils zutrifft.

Statistische Modelle

Kleinräumige lokale Besonderheiten, auch jahreszeitlich bedingte, können oftmals von den numerischen Vorhersagemodellen nicht erfasst werden. Um dies zu verbessern, werden die Ergebnisse der numerischen Wettervorhersage mit den Wetterdaten ähnlicher Wetterlagen der Region in Verbindung gebracht. Hierbei ist es auch möglich, dass das MOS-System (Model Output Statistics) »lernt«, das Modell richtig zu interpretieren.

10. Meteorologische Messinstrumente

10.1 Klassische meteorologische Messgeräte

Meteorologische Messinstrumente – ein Rundgang durch eine Wetterstation

Weltweit werden Messungen an mehr als 10.000 offiziellen, hauptamtlich besetzten Wetterstationen durchgeführt, die sich auf allen Kontinenten, auf jeder größeren Inselgruppe, ja sogar mitten im Ozean befinden. Zählt man private Wetterbeobachtungsstationen und die nebenamtlichen Stationen hinzu, beträgt die Anzahl der Wetterstationen weltweit schätzungsweise über 100.000. Damit man Wetterdaten vergleichen kann, haben sich einige Standards herausgebildet, mit denen man versucht, das Wetter vergleichend zu erfassen.

Trotz all der folgenden Messgeräte wird nach wie vor viel mit den Augen beobachtet. Wann gab es Regen, Schnee und Hagel? Welche Wolkenarten waren zu bestimmten Zeiten zu sehen? Gab es Tau oder Reif am Boden

Lufttemperatur

Die wenigsten Menschen wissen, wie schwierig es ist, die Lufttemperatur und wirklich nur die Lufttemperatur zu messen. Aus diesem Grund hat man sich weltweit geeinigt, Temperatur und Luftfeuchtigkeit in kleinen weißen Häuschen mit luftigen Lamellen zu messen. Die sogenannte Wetterhütte reflektiert einen großen Teil der Sonneneinstrahlung, lässt aber genügend Luft in die Hütte hinein. Im Inneren lässt sich dann die Temperatur der Luft mit einem elektronischen oder herkömmlichen Quecksilberthermometer ermitteln. Die Luftfeuchtigkeit wird meist mit

10

Wetterhütte

einem Haarhygrometer ermittelt. Die Haare dehnen sich in der Hütte entsprechend der Feuchtigkeit aus, oder ziehen sich zusammen. An fast allen hauptamtlichen Stationen der Welt wird dies so oder ähnlich gemacht.

Noch etwas genauer sind moderne Wetterstationen, die poliertes Metall benutzen, um die Sonneneinstrahlung fernzuhalten und zu ventilie-

10

ren. Der Temperaturfühler wird dabei belüftet. Alle anderen Messformen und -möglichkeiten haben mehr oder weniger große Abweichungen zur wahren Lufttemperatur zur Folge.

Wichtig ist auch, dass die Messhütte nicht zu nahe an Gebäuden platziert wird. 8–10 m Abstand zum nächsten Gebäude sind optimal, am besten steht die Messhütte auf einer Wiese.

Luftfeuchtigkeit

Auch die relative Luftfeuchtigkeit wird in der Wetterhütte gemessen. Meist dient ein einfaches Haarhygrometer zu ihrer Bestimmung. Es zeigt in Prozent an, wie viel Feuchtigkeit in der Luft enthalten ist – besser gesagt, wie viel Feuchtigkeit die Luft noch aufnehmen kann. Zusammen mit der Temperaturmessung lassen sich dann weitere interessante Daten ermitteln, etwa der Taupunkt oder die Feuchttemperatur.

Der Taupunkt ist die Temperatur, bei der die Luft den Wasserdampf nicht mehr halten kann – sie beginnt zu kondensieren, Wassertröpfchen bilden sich. Denken Sie beim Taupunkt an das kühle Bierglas im sommerlichen Garten. Die feuchtwarme Luft kondensiert am Rand des kalten Glases. Der Taupunkt wurde unterschritten und das Wasser wird als Kondensat sichtbar.

Bodentemperatur

Neben der Wetterhütte liegt bei den meisten Wetterstationen ein recht großes Feld, das in der Regel mühsam von Unkraut freigehalten wird. Im Boden stecken Glasröhrchen mit Quecksilberthermometern. Sie messen bis in etwa 20 cm Tiefe die Bodentemperaturen. Bodentemperaturen sind sehr wichtig für die Entwicklung der Pflanzen. Mit großen Stangen, in denen ebenfalls Thermometer angebracht sind, wird die Temperatur bis in ein Meter Tiefe gemessen.

Im Boden spielt das Wettergeschehen bis zu einer Tiefe von etwa 2–3 m eine gewisse Rolle, darunter beträgt die Bodentemperatur in Mitteleuropa zwischen 10 und 12 °C und schwankt im Jahresverlauf kaum. Frost dringt nur selten tiefer als 50 cm in den Boden ein.

10

Ein Hygrometer. Die Haarlänge vergrößert sich bei zunehmender Feuchtigkeit. Die Änderung der Länge macht man sich bei der Messung der Außenluftfeuchtigkeit zunutze.

Niederschlagsmenge

Neben der Lufttemperatur und der Luftfeuchtigkeit wird meist mit zwei bis drei Regenmessgeräten auch die Niederschlagsmenge gemessen. Das Prinzip ist sehr einfach. In einem ca. einen Meter über Grund installierten Behälter wird Regen und Schnee gesammelt und

10

jeden Tag die gefallene Niederschlagmenge bestimmt. Die ersten Regenmesser mit einem ähnlichen Messprinzip soll es schon vor mehr als 3000 Jahren in China gegeben haben. Heute stehen sie an jeder Wetterstation. Zunehmend ersetzen elektronische Sensoren den analogen Regenmesser. Mithilfe von Radarsensoren oder Lasern werden Niederschlagsmenge und Art des Niederschlags im Sekundentakt registriert.

Verdunstungsmenge

Das Gegenstück zum Regen ist die Verdunstung, die den Wasserkreislauf schließt. Die Verdunstung ist schwierig direkt zu messen. Bei Plustemperaturen kann sie mithilfe eines Wasserröhrchens ermittelt werden. Über einen Papierscheibe wird Wasser an die Luft abgegeben und damit eine Pflanze simuliert. Die so gewonnenen Verdunstungswerte geben die potentielle Verdunstung an.

Große Forschungseinrichtungen betreiben Bodenwaagen, die ständig das Gewicht des Bodens messen und somit direkt die Verdunstung ermitteln können.

Bodenfeuchtigkeit

Die Bodenfeuchtigkeit, ebenfalls wichtig für die Landwirtschaft, wird mithilfe von Bodenproben ermittelt. Die Bodenproben werden gewogen und später getrocknet, sodass der Feuchtigkeitsgehalt ermittelt werden kann. Elektronische Messungen ersetzen diese Form der Feuchtigkeitsmessung, dabei wird mithilfe von elektrischen Widerstandsmessungen indirekt der Feuchtigkeitsgehalt angeben.

Windbewegung

Windbewegungen werden mit einem Schalenkreuzanemometer und einer Windfahne in etwa 10 m Höhe ermittelt. Dabei zählt ein elektronischer Kontakt die Anzahl der Umrundungen des Schalenkreuzes pro Zeiteinheit. Eine Fahne zeigt über einen Kontakt die Windrichtung an. Neueste Windmesser arbeiten mit Schallmessgeräten und können das

10

Das klassische Jugendstilwohnzimmerbarometer, handgeschnitzt, um 1910. Noch mit Temperaturskala in Reaumur.

Windfeld über einem Standort rund um die Uhr sogar dreidimensional ermitteln.

Neben den vorgestellten Messgeräten an Wetterstationen spielen seit einigen Jahren insbesondere Geräte im Bereich der Fernerkundung eine immer wichtigere Rolle in der Meteorologie. Im nächsten Kapitel geht es deshalb um Radiosonde, Satellit und Radar.

10

Teil einer Wetterstation: Regenmessgerät, Bodenthermometer, Verdunstungsmessgeräte.

10.2 Fernerkundung in der Meteorologie: Radiosonde, Radar und Satellit

10.2.1 Radiosonde

In der Meteorologie wird von den Wetterstationen das bodennahe Horizontalprofil erfasst. Für die Wettervorhersage, aber auch für die Luftfahrt, ist häufig das Vertikalprofil der unteren Atmosphäre von Bedeutung. Hierfür wird heute die Radiosonde benutzt.

10

Bei einer Radiosonde wird an einem großen mit Wasserstoff oder Helium gefüllten Ballon eine Messgeräteplattform oder -kapsel in große Höhen geführt. Dabei werden meist Höhen von 20–30 km erreicht. Der Höhenrekord liegt bei ca. 40 km. Am Erdboden ist der Ballon noch recht klein, ca. 1–3 m im Durchmesser, dehnt sich aufgrund des sinkenden Luftdrucks jedoch gewaltig aus, bis er schließlich platzt. Zunächst wurden Radiosonden verwendet, um Kosten gegenüber bemannten Ballonflügen zu sparen. Später nutzte man den Vorteil, so auch Höhen zu erreichen, die mit bemannten Ballons nicht zu erreichen waren.

Die Radiosonde enthält Messfühler für Temperatur, Luftdruck und Luftfeuchtigkeit, deren Daten mittels Funk an die Bodenstationen über-

Kondensstreifen eines anderen Flugzeugs in einer Cirrostratus-Decke.

tragen werden. Außerdem ist an der Unterseite der Radiosonde ein Radarreflektor angebracht, um die Sonde telemetrisch zu verfolgen. So können auch Windrichtung und Windgeschwindigkeit in verschiedenen Höhen bestimmt werden. Radiosonden werden nur einmal verwendet. Ein Radiosondenaufstieg kostet 300–400 Euro. In Deutschland gibt es ca. zehn hauptamtliche Stationen, die alle zwölf Stunden eine Radiosonde steigen lassen.

10.2.2 Wetterradar

Bei einem Radargerät werden elektromagnetische Wellen ausgesendet, die auf ein Hindernis treffen, an diesem reflektiert und vom Sender wieder empfangen werden. Somit ist es möglich Richtung und Entfernung eines Objekts zu bestimmen. Daher hat das Radar auch seinen Namen: Radio Detection and Ranging. In der Meteorologie werden Radargeräte für verschiedene Zwecke eingesetzt. Mit dem Wetterradar werden Niederschlagsgebiete erfasst. Dabei kann im Radarbild zunächst die Verteilung der Niederschlagsgebiete erkannt werden. Aus der bildlichen Struktur kann geschlossen werden, ob es sich um Schauer oder stratiformen Niederschlag handelt. Die Leistung des reflektierten Signals gibt die räumliche Verteilung an. Bei einem Doppler-Wetterradar wird zur Informationsgewinnung der Doppler-Effekt ausgenutzt. Die elektromagnetische Welle ändert ihre Geschwindigkeit, wenn sie von einem bewegten Objekt ausgesandt wird. Damit kann auch die Geschwindigkeit und Richtung des Niederschlags bestimmt werden. Mit Doppler-Radargeräten können vor allem kleinräumige Änderungen in der Radialgeschwindigkeit erfasst werden. Diese deuten auf Tornados hin.

10

10.2.3 Wettersatellit

Mit Beginn der Raumfahrt Ende der 1950er Jahre war es möglich, das Wettergeschehen auf der Erde auch großräumig zu beobachten. Zunächst wurden Satellitenbilder im sichtbaren Bereich erzeugt. Hier konnte die genaue Lage von Wolken und wolkenfreien Gebieten sowie von Fronten bestimmt werden. Der große Vorteil von Satelliteneinsatz besteht darin, dass ein gesamtes Gebiet durch Fernerkundung beobachtet werden kann. Dies ist erheblich kostengünstiger als einzelne Messstationen. Außerdem kann eine Messdichte erreicht werden, die mit bodengebunden Stationen niemals möglich wäre.

Für Wettersatelliten kommen zwei Arten von Umlaufbahnen in Betracht: Die polarumlaufenden Wettersatelliten befinden sich meist in relativ geringer Höhe von ca. 600–800 km. Die Erde dreht sich unter ihnen hinweg, sodass sie in ca. 12 Stunden die gesamte Erde einmal abtasten können. Allerdings können sie nicht zu einem bestimmten Zeitpunkt ein bestimmtes Gebiet erfassen. Polarumlaufende Satelliten können mithilfe von Trägerraketen und eigenen Antriebseinheiten ihre Umlaufbahn direkt erreichen.

Die geostationären Satelliten befinden sich auf der geostationären Umlaufbahn in 35.800 km Höhe über dem Äquator. Hier ist die Winkelgeschwindigkeit gleich jener der Erde, die Satelliten stehen also fest über einem Punkt der Erde und können so zu jedem Zeitpunkt ein Bild von dem für sie zuständigen Gebiet der Erde liefern. Geostationäre Satelliten werden zunächst mit einer Trägerrakete in die niedrige Erdumlaufbahn gebracht. Dann wird mittels eigener Antriebseinheiten der Satellit auf eine geostationäre Zwischenbahn gebracht, bei der die Erdnähe der niedrigen Umlaufbahn entspricht, die Erdferne der geostationären Bahn. Von der geostationären Zwischenbahn erreicht der Satellit die endgültige geostationäre Bahn.

Folgende geostationäre Satelliten beobachten das Wetter:

Meteosat 9 bei 0°
Meteosat 7 bei 57° östlicher Länge
Goes 12 bei 75° westlicher Länge
Goes 10 bei 135° westlicher Länge

Im pazifischen Raum werden japanische, indische und chinesische Wettersatelliten eingesetzt.

Neben Bildern im sichtbaren Bereich werden alle verfügbaren Informationen aus dem elektromagnetischen Spektrum benutzt. So ist es auch möglich Temperaturen, Wasserdampf und Windrichtungen zu bestimmen.

Vielfältige Umweltüberwachungsaufgaben erfüllt der Satellit Envisat.

Ausblick und Schlusswort

In den nächsten Jahren werden die lokalen Prognosen, aber auch die Kurzfristvorhersagen besser werden. Vermutlich wird auch die Unwettervorhersage sicherer. Auch die Langfristprognosen über 20–30 Tage oder länger werden besser und zum Standard.

Trotzdem können sie mit Ihrer Vorhersage zu Hause jeden Computer schlagen, denn das Wetter in ihrem Garten können Sie mit bloßem Auge, dem Messen des Luftdrucks und mithilfe der Analyse der Wetterkarte mindestens ebenso gut analysieren und für kurze Zeiträume prognostizieren. Schwieriger wird es erst ab Vorhersagen über 36 Stunden.

Tipps zum Weiterlesen

Bücher

Peter Hupfer, Wilhelm Kuttler (Hrsg.): Witterung und Klima. Eine Einführung in die Meteorologie und Klimatologie. Wiesbaden: Teubner 2006 (12. Auflage).
Hans Häckel: Farbatlas Wetterphänomene. Stuttgart: Ulmer 1999.

Internet

Wettervorhersagen für Deutschland:
    www.donnerwetter.de
Unwetterwarnungen:
    www.unwetter.de
    www.dwd.de
Besonders schöne Satellitenbilder:
    www.sat24.com

In der klaren Nacht hat sich die Luft im Rheintal stark abgekühlt. Es bildet sich Nebel.